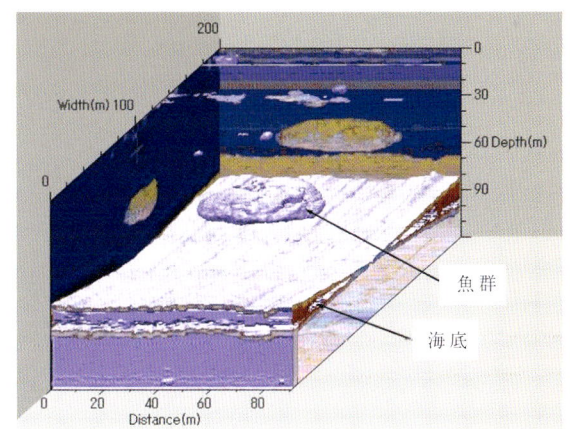

図1・6　スキャニングソナーによる魚群の3次元形状

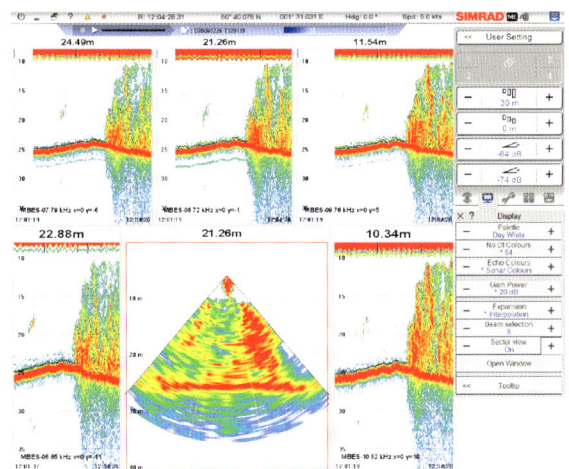

図2・18　マルチビーム科学魚探システム
ME70で捉えたニシン魚群

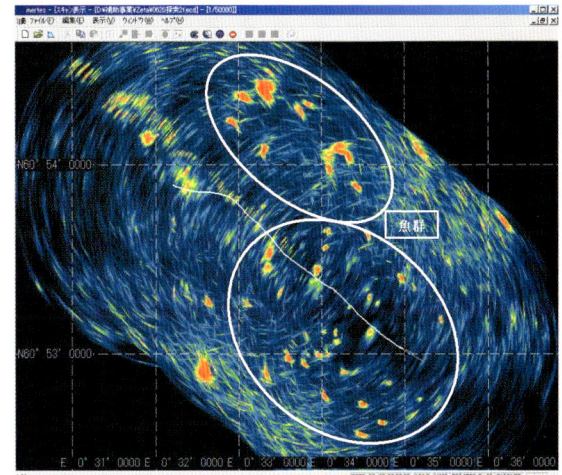

図3・7　ニシン探索中の魚群分布画像

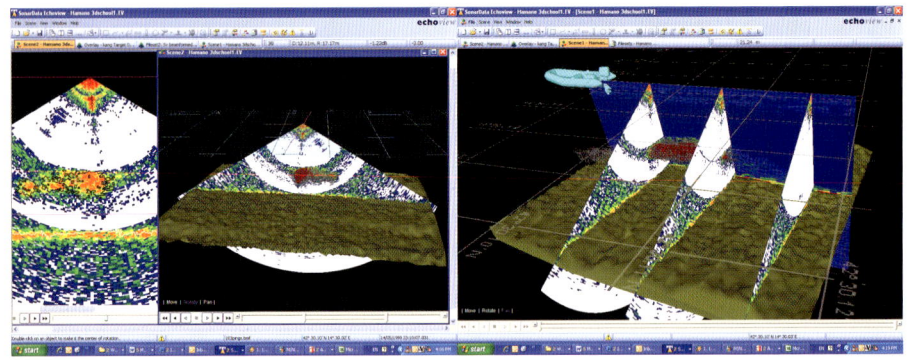

図4・5 マルチビームソナーによる魚群と海底の視覚化(Simrad/SM2000)

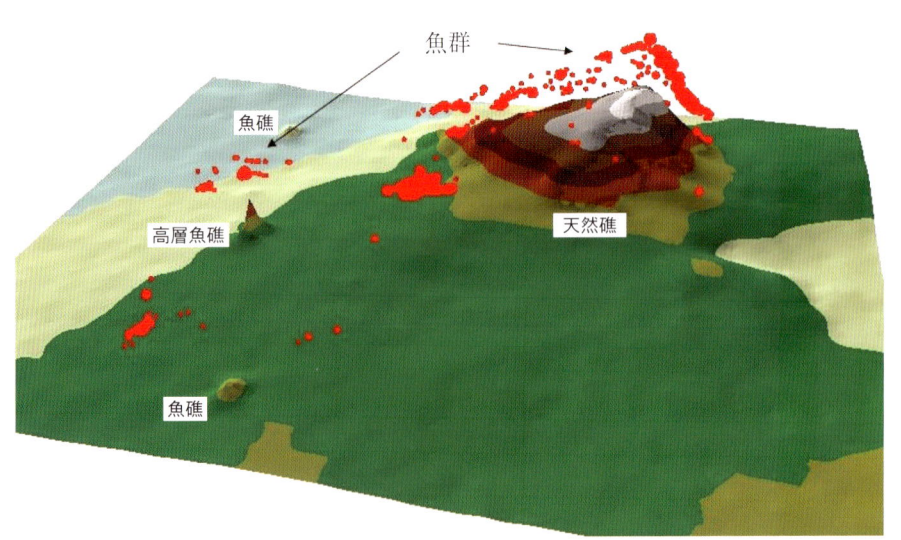

図5・7 GISを用いた魚群の空間表示

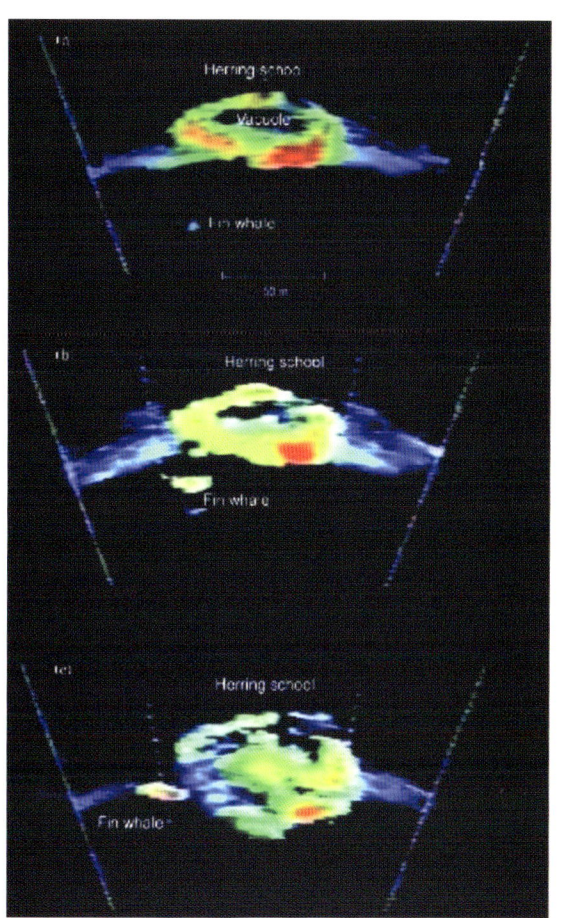

図6・6 Seabat 6012型455kHzポータブルソナーで観察された, ナガスクジラがニシン魚群を捕食中のソナー画像

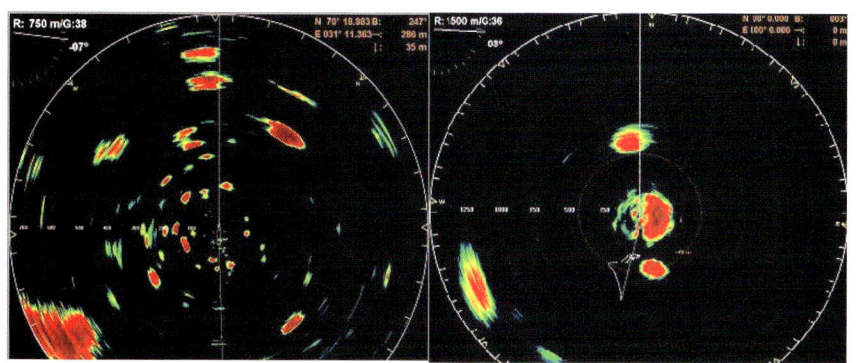

図6・8 ノルウェー海における表層魚群の低周波ソナーと中周波ソナーの画像比較
低周波ソナー（左）では2,000 m以上の広い範囲で魚群計数が可能であり，中周波ソナー（右）では500 mレンジで魚群の大きさ，移動速度，移動方向がわかる．調査中のソナー画像の評価はワッチ中の専門家が行なう．

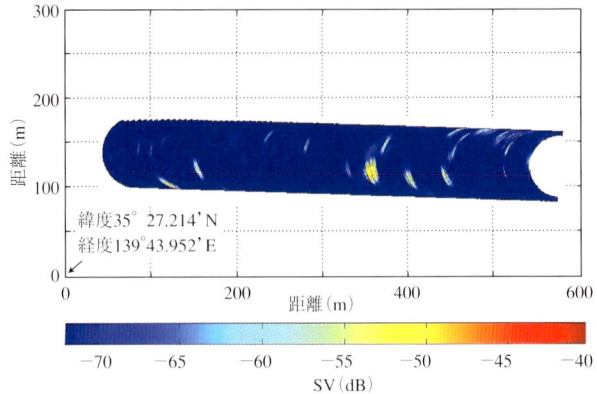

図10・6 広域SVマップの例

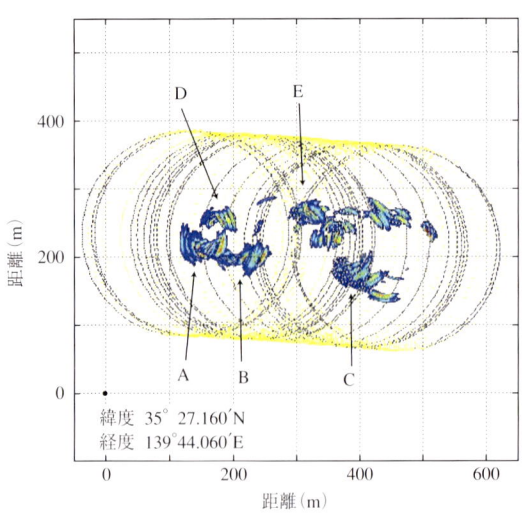

図10・7 魚群の移動軌跡．A魚群の中心の移動から図10・4を得た．

水産学シリーズ

154

日本水産学会監修

# 音響資源調査の新技術
――計量ソナー研究の現状と展望

飯田浩二・古澤昌彦・稲田博史　編

2007・7

恒星社厚生閣

# まえがき

　計量魚群探知機の普及により，水産資源調査の効率が飛躍的に向上し，スケトウダラなど中層性魚類の資源調査で活用されている．しかし計量魚群探知機は万能でなく，海面付近の探知が難しく，また探査範囲が狭いという原理的な問題を抱えている．一方，近年のIT技術の進歩により，広範囲の水中を高速に探査できる高性能のスキャニングソナーが次々と開発されている．

　スキャニングソナーは魚群探知機のように真下方向の魚群や海底を探知するのとは異なり，水平方向に広範囲の探索を瞬時に行なうことができる．そのため魚群の探索や分布状況，そして魚群の動き等が容易に判断できる．

　こうしたことから，世界的にスキャニングソナーを用いた資源調査法への関心が高まっている．スキャニングソナーを用いた資源調査法の利点は，広範囲を効率よく探査できるばかりでなく，魚群形状や海底地形などを3次元的に把握できるほか，対象魚群個々の魚群規模を見積もることが可能なことである．さらにGIS手法を用いて，生物，地理，環境等のデータを統合的に解析することにより，漁況予報や環境影響評価など，多方面での応用が期待される．

　こうした情勢を受けて，平成18年4月，日本水産学会シンポジウム「音響資源調査の新技術－計量ソナー研究の現状と展望－」が開催された．シンポジウムには国内ばかりでなく国外の研究者や企業からも多数参加し，最新の計量ソナー研究の現状と問題点が議論された．そこでは，最近のソナー技術の進歩には目を見張るべきものがある反面，魚群探知機ではあまり問題とならなかった，音の屈折，海面や海底からの残響，魚の横方向ターゲットストレングス，データ量の増大によるデータ解析の難しさなどが，解決すべき課題として指摘された．かつて，魚群探知機による資源調査法を検討した時期に，様々な問題点を議論し，それらを克服して，現在の計量魚群探知機が生まれ，広く普及するようになった．今，計量ソナーに関する基礎研究が，世界各地で行なわれており，やがて水産資源調査の有効なツールとして普及することだろう．

　この度，シンポジウムの成果を水産学シリーズとして出版するにあたり，第1編ではスキャニングソナーの基礎や最新の技術動向を，第2編では国内外で

実施されているスキャニングソナーを用いた資源調査の実際を，第3編ではスキャニングソナーを資源調査に利用するための技術的課題を中心に編集した．また，巻末には世界の代表的な計量ソナーの要目を掲載した．

　すでに計量魚群探知機などを用いて音響資源調査に携わっている研究者や学生，そして次世代の音響資源調査法である計量ソナーに関心のある読者の一助になれば幸いである．

　　　2007年6月

　　　　　　　　　　　　　　　　　　　　　　　　　　　飯田浩二

音響資源調査の新技術−計量ソナー研究の現状と展望　目次

まえがき……………………………………………………………(飯田浩二)

## Ⅰ．スキャニングソナーの基礎
### 1．スキャニングソナーの特徴と資源調査への応用
……………………………………(飯田浩二)…………*9*

§1．スキャニングソナーの原理(*9*)　§2．スキャニングソナーから得られる情報(*13*)　§3．スキャニングソナーの資源調査への応用(*14*)　§4．計量ソナーへの課題(*19*)

### 2．ノルウェーにおける科学計量ソナーの新技術
………………(Ole B. Gammelsaeter（中野健一訳))…………*22*

§1．全周ソナーの新技術(*23*)　§2．水産研究における科学計量ソナーの使用(*29*)　§3．新世代の科学マルチビームシステム(*31*)

### 3．国産計量ソナーの最新技術
………………………………………(西森　靖)…………*34*

§1．最新のスキャニングソナー技術(*34*)　§2．計量スキャニングソナー研究の経緯(*37*)　§3．計量スキャニングソナーの開発(*40*)　§4．ノルウェーフィールドテスト(*45*)　§5．今後の課題(*49*)

### 4．ソナーシステムによる水中情報の可視化と定量化
………………………(Ian Higginbottom・姜　明希)…………*50*

§1．データの形式とソナーシステム(*50*)　§2．データ処理(*52*)　§3．視覚化(*53*)　§4．3D環境(*54*)

§5．4D環境（58）　§6．分析したデータの出力（58）
§7．今後の課題（59）

## Ⅱ．計量ソナーによる資源調査の実際

### 5．国内におけるスキャニングソナーを用いた資源調査の実際 ……………（濱野　明）…………61

§1．漁業におけるソナーの利用（62）　§2．スキャニングソナーを用いた資源調査の実際（65）　§3．今後の課題（72）

### 6．ノルウェーにおけるスキャニングソナーを用いた表層魚類の資源調査の実際
……………………（Olav Rune Godø（飯田浩二 訳））…………75

§1．調査機器（76）　§2．ソナー応用研究の現状（78）
§3．ノルウェーにおけるソナーを用いた資源調査の試み（81）

### 7．ソナーを用いたミナミマグロの加入量モニタリング調査
……………………………………（伊藤智幸）…………86

§1．調査デザイン（87）　§2．調査デザインの検証（90）
§3．調査結果（93）　§4．今後の展開（94）

## Ⅲ．計量ソナーの技術的課題

### 8．資源調査におけるソナー利用上の技術的課題
……………………………………（高尾芳三）…………96

§1．調査手法（96）　§2．ミナミマグロ幼魚の音響散乱特性（100）　§3．ソナー士による魚量推定の特性とその評価（102）　§4．計量ソナーへの期待（105）

9. 計量ソナーにおける魚のターゲット
   ストレングスの取扱い ……………………(向井　徹)………108
   §1. ターゲットストレングス(109)　§2. Pitch, Roll,
   Yaw面を考慮した3次元ターゲットストレングス特性(111)
   §3. 音響散乱モデルによる3次元ターゲットストレング
   ス推定(115)　§4. ソナーの利点を活かしたターゲット
   ストレングス推定(116)　§5. 計量魚群探知機におけ
   るターゲットストレングスの取扱法の応用(116)
   §6. 計量ソナーに用いるターゲットストレングスの把握
   と問題点(117)

10. 計量ソナーの技術的課題とその解決策
   ……………………………………………(古澤昌彦)………120
   §1. 計量ソナーの目的と方式(120)　§2. 問題点と
   解決策(121)　§3. ソナーによるエコー積分方式(128)
   §4. 計量ソナーの開発に当たって（129)

   資料　世界の計量ソナーの仕様(131)

# New Technologies in Fisheries Acoustics
## — Resource Survey Using Scientific Sonar —

Edited by K. Iida, M. Furusawa, H. Inada

Preface                                                          Kohji Iida

I. Fundamentals of Scanning Sonar

  1. Characteristics of Scanning Sonar and Application for
     Fish Resource Survey                         Kohji Iida

  2. New Technologies in Scientific Sonar for Fisheries Research in
     Norway        Ole B. Gammelsaeter (Translated by Kenichi Nakano)

  3. New Technologies in Scientific Sonar for Fisheries Research in
     Japan                                       Yasushi Nishimori

  4. Visualization and Analysis of Acoustic Data from Sonar System
                      Ian Higginbottom and Myounghee Kang

II. Actual Fish Resource Survey Using Scientific Sonar

  5. Introduction of Fish Resource Survey Using Scanning Sonar in
     Japan                                        Akira Hamano

  6. Introduction of Pelagic Fish Resource Survey Using Scanning
     Sonar in Norway        Olav R. Godø (Translated by Kohji Iida)

  7. Introduction of Sonar Survey for Southern Bluefin Tuna in
     Australia                                   Tomoyuki Itou

III. Technical Problems in Scientific Sonar for Fisheries Survey

  8. Technical Problems in Sonar Survey           Yoshimi Takao

  9. Target Strength Estimation of Fish for Sonar Survey
                                      Tohru Mukai

  10. Technical Problems and Solutions for Fish Resource Survey
      Using Sonar                              Masahiko Furusawa

# I. スキャニングソナーの基礎

## 1. スキャニングソナーの特徴と資源調査への応用

飯 田 浩 二*

　計量魚群探知機の普及により，音響資源調査の効率が飛躍的に向上した．しかし，計量魚群探知機は原理的に探査範囲が狭く，また表層や海底付近にデッドゾーンが生じるため，表層種や底層種の資源調査への活用が十分なされていない．

　一方，近年のIT技術の進歩により，海中の広範囲を高速に探査可能な高分解能ソナーが次々と開発され，国内の新造調査船などに装備されつつある[1]．現在のソナー技術では，音響ビームを海中に傘状に展開し，2次元平面での魚群分布を瞬時に可視化するスキャニングソナーが一般的となり，まき網漁業やトロール漁業などに威力を発揮している．さらにスキャニングソナーの利点を活かし，魚群体積や魚群密度などの定量解析が可能な資源調査用の計量ソナーの開発も始まっている．

　そこで本稿では，スキャニングソナーの原理とそれから得られる情報，そして水産資源調査へ応用するための基礎をまとめ，新しい資源調査技術である計量ソナー研究の一助としたい．

### §1. スキャニングソナーの原理
#### 1・1　魚群探知機

　ソナーの基本原理は魚群探知機であり，まず魚群探知機の原理を説明する．魚群探知機は船底に取り付けたトランスデューサから水中に超音波パルスを発射し，海中の魚群，プランクトン，漁具や海底などからの反射波を受信して，記録機上に反射波の強度に応じて濃淡を記録し，反射体までの距離やその大きさ，形状などを知る装置である（図1・1）．

---

\* 北海道大学大学院水産科学研究院

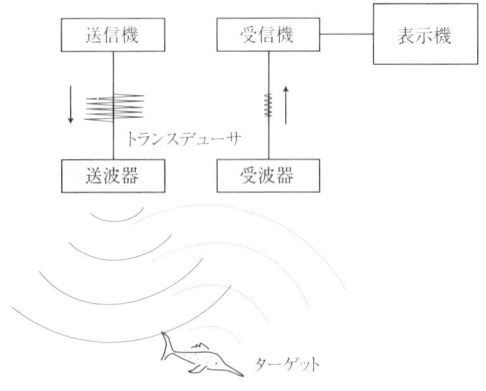

図1・1　魚群探知機の原理

　魚群探知機の動作は，超音波周波数（普通は20～200 kHz）の高周波信号を適当なパルス幅（1 msec程度）で変調してトーンバースト信号をつくり，さらにこれを電力増幅してトランスデューサへ導く．トランスデューサはこの電気パルスを超音波パルスに変換し海中に放出する．海中に音響インピーダンスの異なる境界（例えば水と魚，水と海底など）があれば，超音波パルスの一部が反射されてトランスデューサに戻ってくる．反射波のエネルギーは微弱なので受信部ではこれを十分に増幅し，記録機へ導く．記録機では受信信号の強弱に応じた色の輝点を深度軸，時間軸の平面座標上にプロットし，海中の魚群や海底を映像化する．

### 1・2　スキャニングソナー

　魚群探知機が船の真下の魚群を探知するのに対して，スキャニングソナーは図1・2のように自船の周囲の魚群を探知するもので，その構造は魚群探知機より複雑で，大型となる．古くは，船底におかれた横向きのトランスデューサを機械的に旋回させる機械式ソナーが用いられたが，現在は音響ビームを電気的に合成し，これを電子走査するスキャニングソナーが主流である．

　図1・3はスキャニングソナーのブロック図である．トランスデューサは一般的に円筒形をしており，円周方向と軸方向には多数の振動子が配列されている．まず，送信時には全ての振動子を同位相で駆動すれば水平方向（円周方向）に無指向性のビームが形成され音波が放射される．受信時には，円周上に配列さ

1. スキャニングソナーの特徴と資源調査への応用　11

　　　魚群探知機　　　　　　　　　　スキャニングソナー

図1・2　魚群探知機とスキャニングソナーの違い

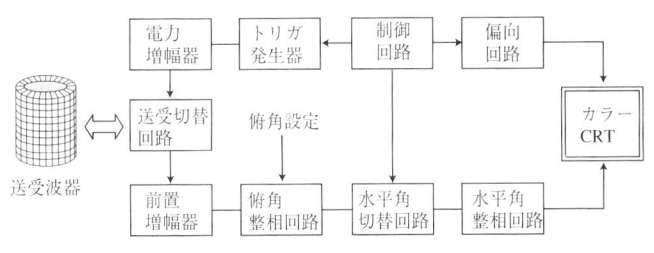

図1・3　スキャニングソナーのブロック図

れた素子はそれぞれ独立した遅延回路を経て加算器で合成される．今図1・4において半径rのトランスデューサの中心を通る縦の直線Lを考えると，素子$E_m$と直線との距離は$r\cos\alpha_m$である．つまり，図面左から到来した音波はまず$E_0$に先に到達し，$E_m$にはそれより$(r-r\cos\alpha_m)/c$（cは音速）遅れて到達する．したがってもし半円上の全ての素子の信号出力をそれぞれ$(r\cos\alpha_m)/c$遅延させてこれらを加算すれば，その出力は直線L上に配列された長さ2rの直線アレイの出力と等価になる．直線アレイの指向性は$2r/\lambda$（λは波長）に比例して鋭くなり，またその向きはアレイと直角方向に形成されるから，図面左方向に鋭い受信ビームが形成される．各素子と遅延回路の切り替えを電子スイッチを用いて高速に回転させれば，全周（360度）にわたって受信ビームをスキャニ

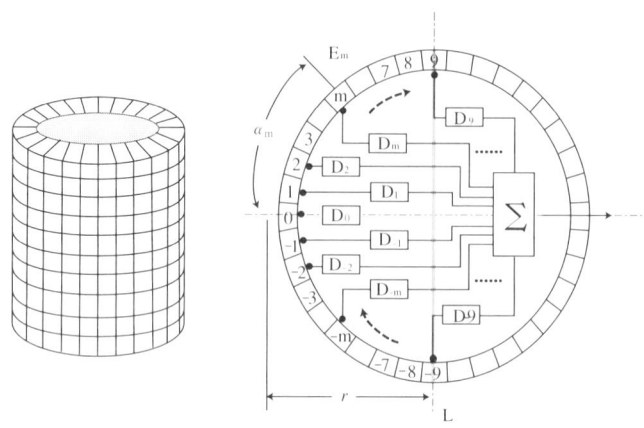

図1・4 ビームフォーミングの原理

ングすることができるので,これをレーダーなどと同じく,自船を中心として半径方向に距離を,円周方向に方位をとったPPI (Plan Position Indication)表示をすることにより,海底や魚群の位置を映像化することができる.最新のスキャニングソナーはトランスデューサ素子の配列形状やビーム形成法を工夫して,図1・5のようにPPI表示ばかりでなく,任意の断面画像を同時に表示させて,海中の三次元情報が得られるようになっている[1-3].

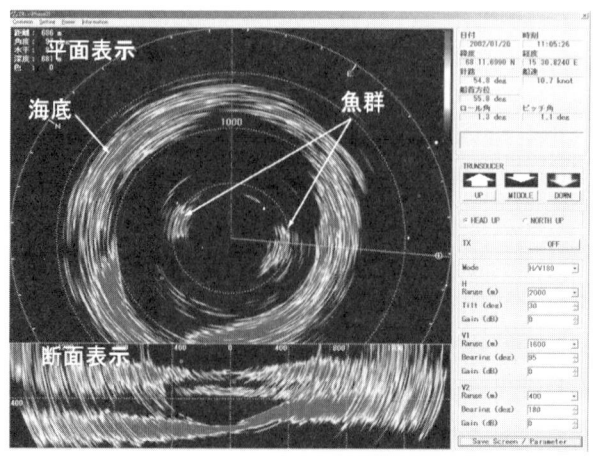

図1・5 スキャニングソナーの表示画像

## §2. スキャニングソナーから得られる情報

スキャニングソナーから得られる情報は，基本的には対象の位置と反射強度である．しかし魚群探知機が対象までの距離（深さ）情報しか得られないのに対して，スキャニングソナーはビーム平面内の2次元位置を，またビームを空間で走査（スキャン）させた場合は，対象の3次元位置の情報を得ることができる．このことはスキャニングソナーから得られる情報量を飛躍的に増大させている．ソナービームを海中で走査することにより，海底地形，海中・海底構造物，魚群などの分布や形状を3次元情報として捉えることができる[4]．さらに魚群の3次元位置を追跡することにより魚群の移動方向や速度を知ることもできる．

スキャニングソナーから得られる3次元情報は魚群形状，魚群の空間分布，および魚群行動の解析に用いられる．魚群の3次元形状はソナービームが切り取った多数の魚群断面の再構成によって行われる[5]．魚群の断面画像はチルトされた傘形ビームや鉛直断面ビームを旋回または船舶の航走によって得ることができる[6-9]．これらのソナー画像は集積され，画像処理を通して3D形状として可視化される（図1・6　口絵）．

魚群の3次元分布はスキャニングソナー搭載船舶が魚群と同時に海底や海面を走査することにより把握することができる（図1・7）．ビーム形状は傘型や鉛直断面ビームでもいいが，ソナービームが対象空間を走査する必要がある．船舶の位置はDGPSなどを用いて正確に把握する必要がある．

魚群行動はソナーで観察された魚群の相対運動ベクトルから船舶の移動ベクトルを差し引くことにより求めることができる．船が停止している場合は，ソナー画面上に表示された魚群の相対運動ベクトルがそのまま魚群の真運動ベクトルとなる．真運動ベクトルから魚群の遊泳方向や遊泳速度を知ることができる[10,11]．

スキャニングソナーから得られた3次元情報はGIS手法を用いて電子海図上にオーバーレイさせると，海底地形や海中構造物と魚群分布の関係が明確となる．多種類の情報を総合的に表示することにより，魚群と海底地形だけでなく，魚群と海底地質などとの関係もわかるようになる．海底地質の判別は計量魚群探知機の海底エコー波形を分析して，岩，礫，砂，泥などに分類することが可

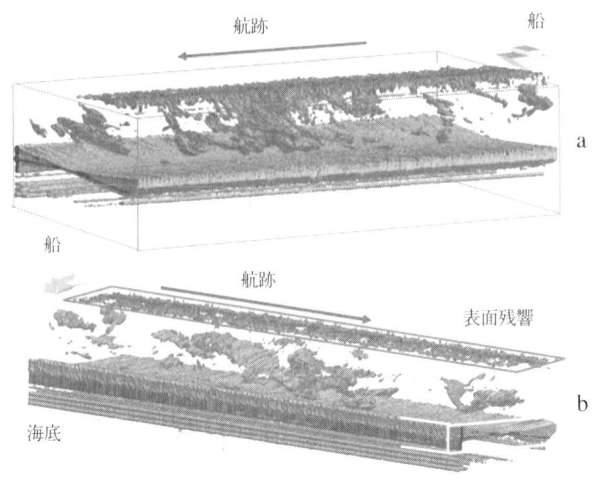

図1・7　スキャニングソナーによる魚群の3次元分布

能である．

## §3．スキャニングソナーの資源調査への応用
### 3・1　計量ソナーの原理

　ここでは資源調査を目的とした定量計測が可能なスキャニングソナーを計量魚群探知機に倣って計量ソナーと呼ぶことにする．図1・8は計量ソナーを用いた資源調査の概念図である．計量魚群探知機がコース上の極めて狭い範囲しか探知できないのに対し，計量ソナーでは広範囲探知の特徴を活かした効率のよい調査ができることがわかる．また計量魚群探知機が，測定した生物密度を調査海域全体に引き伸ばして資源量を推定するのに対し，計量ソナーでは対象魚群個々の魚群量を推定できることも大きな特徴である．

　スキャニングソナーを用いた資源量推定法として，出現魚群の数を計数する魚群計数法，魚群の面積を定量化する面積測定法，魚群の体積を測定する体積測定法，および魚群エコーの強さを定量化するエコー積分法が考えられる[12]．

　表1・1に各資源量推定法の概要をまとめた．魚群計数法はソナー画像に現れた魚群の数を数えるだけなので比較的簡単に実現でき，同一規模の魚群が点在するような条件では探知範囲を最大限拡大できるなどのメリットがある．しか

し，魚群の定義が曖昧であり，高い精度は望めない．面積測定法は浅海域で魚群の垂直幅が限られているときは有効であろう．しかし，海底深度が深く，魚群の分布深度や垂直幅が異なっている場合は誤差となり，魚群面積と魚群量の線形性も確かではない．また体積測定法ではソナーの高い解像度が，エコー積分法では高い線形性が求められ，システムは複雑となるが理論が明確であり，高い精度での魚群量推定が期待できる．

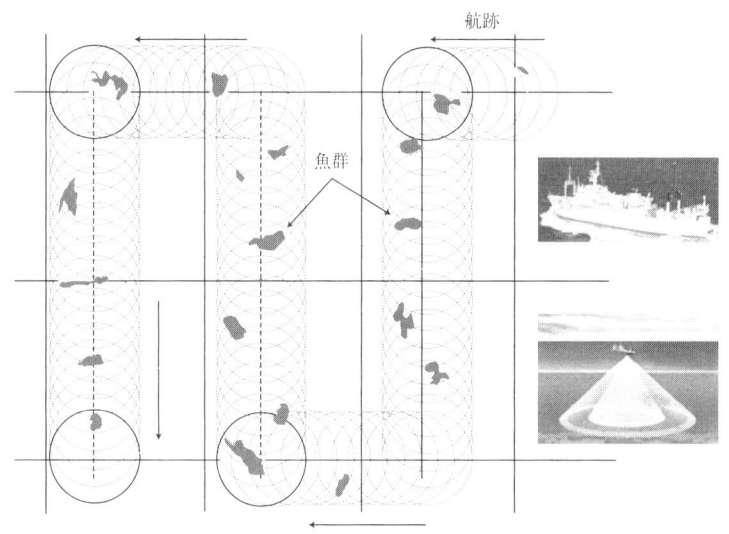

図1·8 計量ソナーを用いた資源調査の概念図

表1·1 スキャニングソナーによる資源量推定方法とその比較

| 方　法 | 概　要 | 適用条件 | 問題点 |
| --- | --- | --- | --- |
| 魚群計数法 | ソナー上の魚群の数を数える | 魚群の規模同一 | 魚群量との線形性は低い |
| 魚群面積法 | ソナー上の魚群の面積を測定する | 漁場水深が浅い 魚群の厚み一定 | 魚群量との線形性が不十分 |
| 魚群体積法 | 3次元モードで魚群体積を測定 | 解像度が高い 漁場水深が深い | Tv の情報不足 魚群との線形性未知 |
| エコー積分法 | 魚群エコー強度を積分する | 線形性がよい 漁場水深が深い | Ts の不確実性 TVG*と音線屈折 |

\* Time Varied Gain の略で伝搬減衰を補正する回路または処理系をいう．

これらの方式は対象魚種の生態や漁場環境に合わせて使い分けられるべきだろう．ここでは，マルチビームソナーを用いて高精度推定が期待される体積測定法とエコー積分法について述べる．

### 3・2 魚群体積の測定による魚群量の定量化

体積測定法は図1・9に示すように，ソナーの2次元ビーム面を空間走査して魚群体積を測定し，これを対象魚種の固有占有体積で割って，魚数を推定するものである[13]〜[16]．ビームの走査は基本的に，船の航走によって得るか，ビーム形状を変化させて行なう．

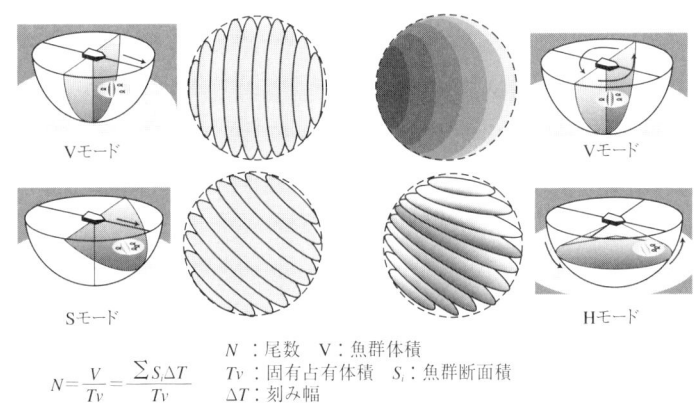

$$N = \frac{V}{Tv} = \frac{\sum S_i \Delta T}{Tv}$$

$N$：尾数　$V$：魚群体積
$Tv$：固有占有体積　$S_i$：魚群断面積
$\Delta T$：刻み幅

図1・9　体積法による資源量推定の原理

球形アレイを用いたマルチビームソナーは水平ビームと垂直ビームを同時に展開できるので，様々な空間走査が可能である．計量ソナーではこれを傘形ビームの開閉，断面ビームの旋回による走査と航走による走査で実現する．ビーム形状は基本的に（1）傘型全周ビーム（Hモード）と，（2）水平面と直角な断面ビーム（Vモード），（3）これを進行方向へ傾斜させたスラントビーム（Sモード）の3種類がある．空間走査のために，航走時はビームを固定し，ドリフト時はビームを旋回走査する．

魚群体積Vはビーム面が切り取った断面積Sを積分して求める．魚の固有占有体積（TV）に関する既往の知見は少ないが，体長の3乗に比例するといえるだろう．しかし魚種や体長，生息深度や季節によって魚群密度が大きく変化す

るため更なる研究が必要である．TV については，トロールやまき網などの漁獲結果から群内密度を求めたり，水中カメラや計量魚群探知機を用いて解析した例があるが，今後の課題であろう．しかし，体積法は姿勢によって激しく変動する魚のターゲットストレングスに依存せずに魚群量を推定できるという利点がある．魚群体積と魚群量の線形性についても不明な点が多く，なお研究が必要である．

### 3・3　エコー積分方式による魚群量の定量化

これに対しエコー積分法は図1・10に示すように，魚群の音響散乱強度 Sv をビームのスキャンによって積分し平均的な魚群の後方散乱強度を求め，これを対象魚種の音響反射率であるターゲットストレングス Ts で割って密度を求め，これに魚群体積を掛けて魚数を推定するものである．計量魚探の原理をソナーに拡張した方法と言えるが，計量魚探では船の移動により広域の平均 Sv を求めるのに対し，マルチビームソナーではビームスキャンにより極めて短時間に魚群の平均 Sv を計算することができる．しかし魚のターゲットストレングスは計量魚群探知機では背方向だけを考えればよかったのに対し，計量ソナーでは魚群の位置によって様々な方向からの Ts を考える必要がある．魚の Ts は体軸と直角方向に強い指向性を有し，自船との相対遊泳方位によって大きな違い

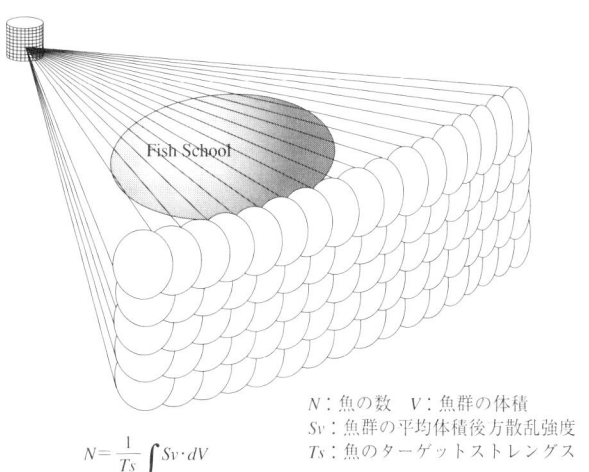

$$N = \frac{1}{Ts}\int Sv \cdot dV$$

$N$：魚の数　　$V$：魚群の体積
$Sv$：魚群の平均体積後方散乱強度
$Ts$：魚のターゲットストレングス

図1・10　エコー積分法による資源量推定の原理

が出てくる.しかし,前述した魚群の遊泳行動の解析機能を利用すれば魚の相対姿勢がある程度解析可能である.今後,魚の3次元Tsに関する研究が待たれる.

また,エコー積分法は高精度なエコーレベル測定が基本となるため,ビームの俯角が小さい場合などは特に,遠方の魚群エコーは海面や海底残響の影響を強く受ける[17].計量ソナーの実現にあたってはソナービームの安定化や音線の屈折など,様々な問題を解決しなければならない.

ソナーによる積分方式の利点の1つは,個々の魚群に対する平均Svを求めることができる点である.前項で述べた魚群体積を測定することにより,個々の魚群の尾数を推定することが可能である.表1・2に体積測定法とエコー積分法の原理と特徴をまとめた.なお,本稿以降に出てくるターゲットストレングスの変数名TSはdB(デシベル)量,Tsはその線形量を表し,体積後方散乱強度の変数名SVはdB(デシベル)量,Svはその線形量を表す.

表1・2 体積測定法とエコー積分法の原理とその比較

|  | 体積法 | 積分法 |
| --- | --- | --- |
| 推定量 | 魚群体積 V | 体積後方散乱強度 Sv |
| 基準量 | 固有占有体積 Tv<br>(ターゲットボリューム) | 後方散乱面積 Ts<br>(ターゲットストレングス) |
| 基準量の性質 | $Tv \sim L^3$ (Lは体長) | $Ts \sim L^2$ (Lは体長) |
| 魚群量 | $N = V/Tv$ | $N = Sv/Ts$ |
| 利点 | 魚群体積がTsに依存しない. | 積分法理論の確立と実績. |
| 欠点 | Tvに関する知見が少ない.<br>魚群量との線形性が未知. | 魚の横方向Tsの不確実性. |
| 呼称(例) | Volume Acoustics | Intensity Acoustics |

## 3・4 計量ソナーのキャリブレーション

計量ソナーを資源調査に用いる際にはシステムのキャリブレーションが不可欠である.体積法では体積が既知の反射体を用いればよいが,ソナービームをまたぐ巨大な反射体が必要である.一例として,筆者らが行なった水中バルーンを用いた体積キャリブレーションの様子を図1・11に示す.バルーンは直径3.6mのゴム製風船で周囲は網で補強し,内部には密度を変えた海水を注入した.このバルーンを海中に沈め,ソナーを搭載した船で至近距離を往来し,バ

ルーン体積を計測し,実体積と比較した.

また,エコー積分法では魚群エコー強度を体積後方散乱強度 Sv で定量化するため,これを較正する手段が必要である.最近のスプリットビーム式計量魚群探知機は較正球をトランスデューサの下方で移動させることにより,ビームパターンを含む感度較正が可能である.計量ソナーでも同様に標準反射球を用いることができ,その位置制御はソナービームの走査で行なわれ,全方位に関する較正が可能である.

図1·11 計量ソナーのキャリブレーション(体積法)
a は V モードの航走スキャン
b は V モードの方位スキャン

## §4. 計量ソナーへの課題

計量ソナーでは魚の横方向の後方散乱波を利用するため,今後,魚類の側方ターゲットストレングスの取り扱いに関する研究が重要な課題となるだろう.また,体積法では個体の占有体積($Tv$)に関する知見が必要であり,体長や魚種ごとになんらかの方法でこれを推定する必要がある.さらに船体の動揺に伴うソナービームの安定化,水中放射雑音,ソナービームの屈折に関する研究や,魚種判別,体長推定の手法の開発が求められる.なお本稿をまとめるに当たり,図および写真の提供をいただいた大連水産学院湯勇氏ならびに古野電気(株)

に感謝する．また，本稿で得られた多くの知見は平成15～17年度科学研究費補助金（基盤研究A，課題番号15208017）によるものであり，記して感謝する．

文　献

1) 西森　靖，岡崎亜美，石原眞次：魚種識別計量スキャニングソナーの開発，海洋水産エンジニアリング，5 (43)，83-92 (2005)．
2) 西森　靖，徳山浩三，岡崎亜美，飯田浩二：計量ソナーの開発とフィールド評価，平成18年度海洋音響学会講演論文集，65-68 (2006)．
3) K. Iida : Review on Acoustical Imaging for Fisheries –3D Sonar and Acoustic Camera–., Proceeding of the 9th Western Pacific Acoustics Conference, CD-ROM, pp.10 (2006).
4) Y. Aoki, T. Sato, P. Zeng, and K. Iida : Three-Dimensional Display Technique for Fish-Finder with Fan-shaped Multiple Beams., *Acoustical Imaging*, 18, 491-499 (1991).
5) K. Iida, T. Mukai, Y. Aoki, and T. Hayakawa : Three Dimensional Interpretation of Sonar Image for Fisheries Research., *Acoustical Imaging*, 22, 583-588 (1996).
6) K. Iida, T. Mukai and N. Horiuchi : Three-Dimensional Visualization of Fish School Using Sector Scanning Sonar, International Archives of Photogrammetry and Remote Sensing, Vol.32, Part 5, 729-734 (1998).
7) 飯田浩二・向井　徹・堀内則孝：スキャニングソナーを用いた表中層魚群の三次元分布と形状の解析，海洋音響学会誌，25 (4)，240-249 (1998)．
8) 飯田浩二：計量魚群探知機とスキャニングソナーを用いた海中魚群の可視化と定量化，電子情報通信学会技術研究報告，US2002-41, 21-26 (2002).
9) K. Iida, T. Mukai, and Y. Tang : New Technologies for Study on Resource and Behavior of Marine Animals, 3D Sonar and Acoustic Camera. Proceedings of the 10th International Symposium on the Efficient Application and Preservation of Marine Biological Resources, Yosu National University, 17-26 (2005).
10) 李遺元，向井　徹，飯田浩二：スキャニングソナーを用いた船舶の接近に対する魚群行動の評価法，日本水産学会誌，66 (5)，825-832 (2000).
11) Y. W. Lee, K. Miyashita, T. Nishida, S. Harada, T. Mukai and K. Iida: Observation of Juvenile Southern Bluefin Tuna (Thunnus maccoyi C.) School Response to the Approaching Vessel Using Scanning Sonar, *Journal of Fisheries Science and Technology*, 5 (3), 206-211 (2002).
12) 飯田浩二：計量ソナーの開発と資源調査への応用，平成16年度水産工学関係試験研究推進特別部会水産調査計測分科会講演集，―漁業資源調査におけるソナーの利用―，1-6 (2005)．
13) K. Iida, Y. Tang, T. Mukai, Y. Nishimori: Measurement of Fish School Volume by Multi-beam Sonar-Directional Resolution and Estimation Error-., Oceans04 MTS/IEEE Techno-Ocean04, 401-408 (2004).
14) Y. Tang, K. Iida, T. Mukai, and Y. Nishimori: Measurement of Fish School Volume Using Omnidirectional Multi-Beam Sonar, –Scanning Mode and Algorithm–., *Proc. Symp. Ultrason. Electron.*, 26, 315-316 (2005).

15) 湯 勇, 飯田浩二, 向井 徹, 西森 靖, 徳山浩三：ソナーを用いた魚群体積の高精度計測法, 平成17年度海洋音響学会講演論文集, 67-70 (2005).

16) Y. Tang, K. Iida, T. Mukai, and Y. Nishimori: Estimation of Fish School Volume Using Omnidirectional Multi-Beam Sonar: Scanning Modes and Algorithms., *Japanese Journal of Applied Physics*, 45 (5B), 4868-4874 (2006).

17) 湯 勇, 古澤昌彦：全周ソナーによる表層魚群量計測における海面・海底残響の影響軽減, 日本水産学会誌, 70, 853-864 (2004).

8) 湯 勇, 古澤昌彦, 青山 繁, 樊 春明, 西森 靖：全周型スキャニングソナーによる表層魚群の体積後方散乱強度の計測方法, 日本水産学会誌, 69, 153-161 (2003).

# 2. ノルウェーにおける科学計量ソナーの新技術

Ole B. Gammelsaeter [1]（中野健一 [2] 訳）

1953年，ノルウェーの漁船"RAMOEN"に，世界で初めてソナー"ASDIC"（Anti Submarine Device：対潜水艦装置）が装備された（図2·1）．SIMRADは同船の協力のもとに開発を続け，1959年には"ニシン－ASDIC"と呼ばれる最初の漁撈用ソナーを開発し，その後も数々のモデルを発表した．1989年には遠距離，全周ソナーSR240を発表した．これは最新技術を駆使し，世界で初めて，球形トランスデューサを採用し，鉛直表示機能を実現するなど，現在のSIMRADソナーの原型となった．その後，1997年には船体の動揺補正が可能なビームスタビライザー機能，1998年には他船との干渉を除去するために周波数を可変にする多周波機能を付加し，2000年にはトランスデューサを小型化した低周波ソナーのSP70を発表した．その後，高周波でシリンダ形トランスデューサを用いたSH80，また，マグロ探査のために遠距離探査を目的とした低周波のSP90を開発した．これらのソナーはWindows上で動く処理シ

図2·1 ノルウェー漁船"RAMOEN"

[1] SIMRAD
[2] 日本海洋

ステムを有し，水産研究への応用が一層容易になった．

## §1. 全周ソナーの新技術
### 1・1　SIMRADソナーの機器構成

図2・2にSIMRADソナーの機器構成を示す．構成は全てのモデルで統一されており，表示装置（A），操作パネル（B），信号処理システム（C），外部インターフェイス装置（D），送受信装置（F），昇降装置（G）からなる．

ソナー処理システム（C）はOSにWindowsを用いたコンピュータであり，

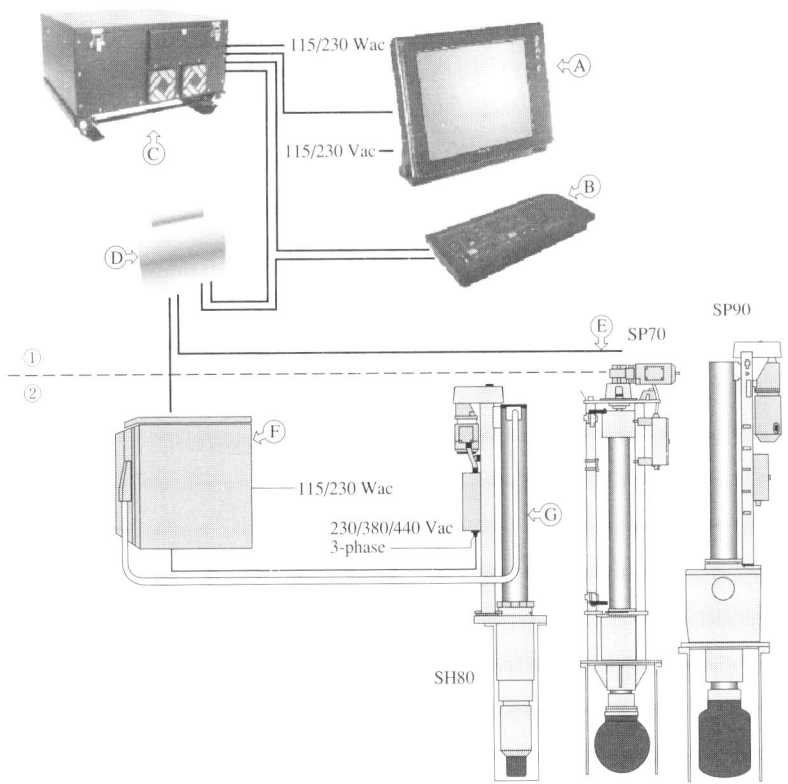

図2・2　SIMRADソナー機器構成図
A：表示装置，B：操作パネル，C：信号処理システム，D：外部インターフェイス装置（SIB），E：周辺機器の接続ライン，F：送受信装置，G：昇降装置，①：操舵室，②：ソナー・ルーム

ソナー用のWindowsソフトウェア"WINSON"を装備している．

外部インターフェイス装置（D）は，周辺機器の接続ライン（E）に接続されているGPS航海計器，ジャイロコンパス，ドップラーログ，潮流計，他のソナーと魚群探知機，まき網センサー（PI），トロールセンサー（ITI），無線ブイシステムなどの外部装置とのインターフェイスが可能としている．

昇降装置（G）には多数の振動素子を配列したシリンダー形または球形トランスデューサが収容されており，伸縮自在である．SH80（左）は480素子からなるシリンダー形トランスデューサを用いており，周波数範囲は110～122 kHzで選択可能である．周波数とビーム幅の組み合わせは選択でき，鉛直ビーム幅はナローで7.6°，ノーマルで9.5°であり，水平ビーム幅は116 kHzで6°である．SP70（中央）は241素子からなる球形トランスデューサを用いており，周波数範囲は20～30 kHzで選択可能である．鉛直ビーム幅は20 kHzの13°から30 kHzの9°の範囲で，水平ビーム幅は20 kHzの13°から30 kHzの9°の範囲で選択可能である．SP90（右）は256素子からなるシリンダー形トランスデューサを用いており，周波数範囲は20～30 kHzで選択可能である．鉛直ビーム幅は20 kHzの11°から30 kHzの6.8°の範囲で，水平ビーム幅は20 kHzの10°から30 kHzの6.5°の範囲で選択可能である．

送受信装置（F）は素子ごとに独立した送信器と受信器を内蔵し，全ての送信器は，信号処理装置により振幅と位相がコンピュータ制御されている．また，全ての受信器は個別にデジタル化されており，信号処理装置により信号が読み込まれる．送受信の全てのビームフォーミング処理は，信号処理装置内で行なわれる．

### 1・2　SIMRADソナーの特長

SIMRADソナーはいずれも多周波を装備し，周波数が選択可能なので，多くの船が隣接して操業した場合でも，周波数を変更することにより，他のソナーからの干渉を避けることが可能である（図2・3）．遠距離の魚群を探査するためにナロービームを，近距離の魚群をビーム内に留めるためにワイドビームを形成する機能がある（図2・4）．ビームが広がると，サイドローブが低減するので，ビーム幅とサイドローブの大きさを考慮して，ビームを選択することができる．通常の連続波（CW）信号に加えて，FM変調した信号も選択使用

可能である．ビームスタビライザーを有しているので，船舶が動揺しても，送受信ビームを安定化することができる（図2・5）．複数のビームを同時に展開できるので，全周表示と鉛直表示を組み合わせた表示が可能である．自船の速度で生ずるドップラー効果を補正する，最適フィルターを装備している．低サイドローブの鮮明なビームを形成するために，トランスデューサと送信器，受信器を最適化している．各素子の受信器から画面表示にいたるまで高いダイナミックレンジで線形性が保障されているので，相対的に魚の密度と量に比例した表示が可能であり，水産資源量推定のためにソナーを使用することが可能になった．SIMRADのソナーは発信と発信の間の画面エコーを安定化する，正確なブロードバンド処理を行っているが，他の漁撈用ソナーにはこの機能はない．生の検出データを出力することができるので，ユーザー独自の科学的な解

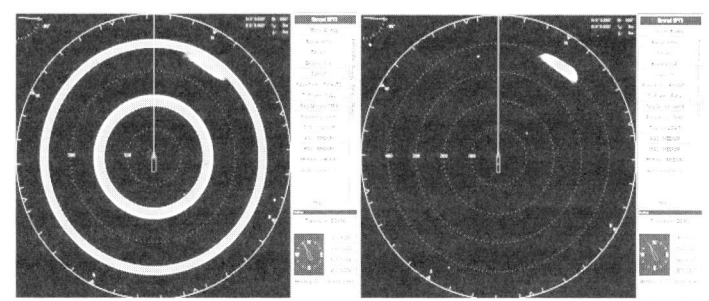

図2・3　マルチ周波数による干渉除去
左図：他船ソナーの干渉にターゲットが混同されている．
右図：周波数を変更し，ターゲットが鮮明になる．

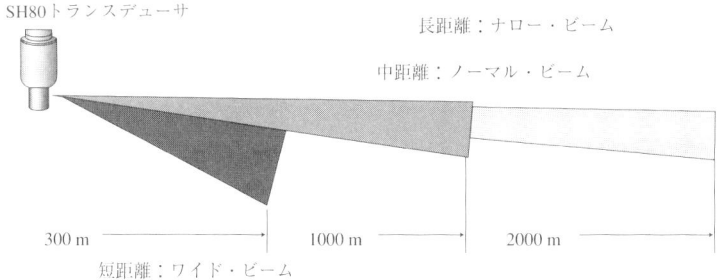

図2・4　ビーム幅の選択機能

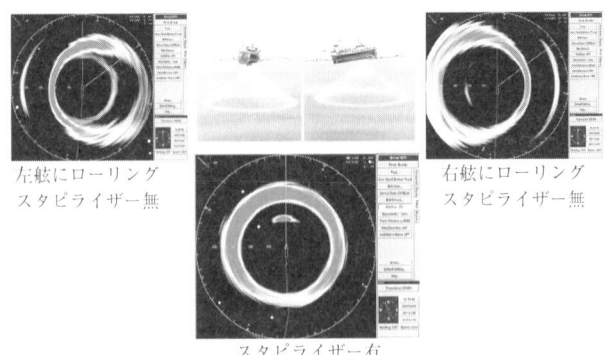

左舷にローリング　　　　　　　　　　　　　右舷にローリング
スタビライザー無　　　　　　　　　　　　　スタビライザー無

スタビライザー有

図2・5　ビームスタビライザー

析が可能である．また，WINSON（ソナー用 Windows ソフトウェア）と呼ばれる高級 MMI ソフトウェアは操作が簡単で，全ての機能が使用可能である．

### 1・3　科学データの出力

SIMRAD の全周ソナーの処理システムが Windows 上で動作するようになったため，様々な機能を有した LAN 出力が可能となった．例えば，信号処理ソフトウェアの"WINSON"はイーサーネットを介して，記録ソフトウェアを装備した別のコンピュータに接続可能（図2・6）であり，データ転送は UDP（User Datagram Protocol）プロトコルを用いて1ピングごとに行なわれる．転送データは TVG（減衰補正処理），RCG（残響抑制処理）または他のフィルターをかけていない，生のエンベロープ信号であり，サンプリング間隔は，SH 型のソナーが5 kHz で SP 型ソナーが1 kHz である．そのほか，ソナーが追尾した全てのターゲットデータ，ソナーを含む接続機器の全てのデータ，および自船位置や速度，方位などの航海データを含んでいる．

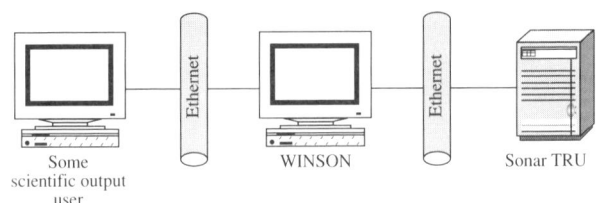

図2・6　科学データ出力の機器接続例

## 1・4 ソナーのビームパターン

水産研究でソナーを使用する上で，最も重要なことはソナーのビームパターンである．ここに幾つかの測定したビームパターンを示す．これらは理論的にシュミレーションされたビームパターンとよく一致している[1]．低周波・高周波の2モデルの全周ソナーのビームパターン例を示す．

図2・7に26 kHzのノーマルモードにおける9°のビーム幅の鉛直送信パターンを示す．サイドローブがよく低減されていることがわかる．図2・8は水平受信ビームパターンである．受信ビームパターンは26 kHzでは64ビームで構成される．

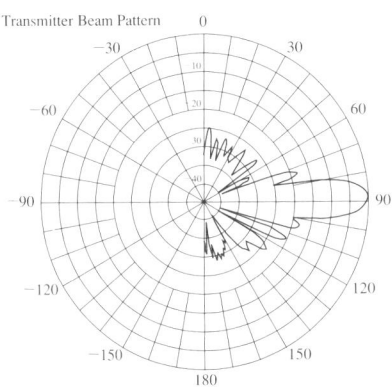

図2・7　SP90送信ビーム（鉛直）ノーマル9°

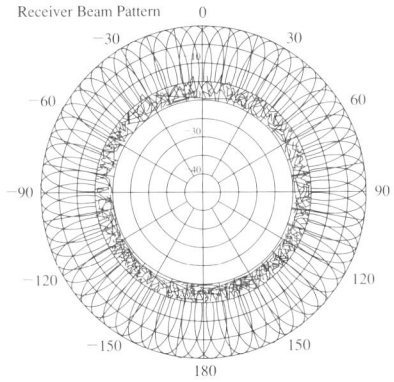

図2・8　SP90受信ビーム・パターン（水平）

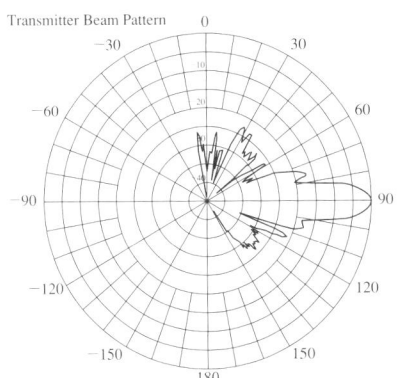

図2・9　SH80送信ビーム（鉛直）ノーマル9.5°

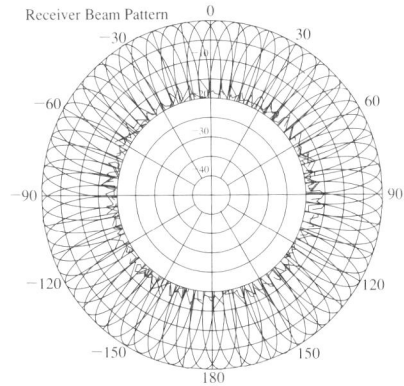

図2・10　SH80受信ビーム・パターン（水平）

図2·9はSH80の116 kHzのノーマルモードにおける9.5°のビーム幅の鉛直送信パターンを示す．サイドローブがよく低減されていることがわかる．図2·10はSH80の水平受信ビームパターンである．受信ビームパターンは116 kHzでは64ビームで構成される．

## 1·5 標準球を用いた較正

ソナーが一定の性能内にあることを確認するために，容易で迅速なチェックを行う必要がある[2]．また，水産研究でのアプリケーションでは，ソナーの較正が不可欠である．そこで，計量魚群探知機の較正に用いられる直径63 mmの銅球を用いてSH80，SP90の較正を行なった．この銅球のターゲットストレングスはSH80の117 kHzで−28.5 dBであり，SP90の27 kHzでは−33.0 dBであった．図2·11は，SH80に於ける標準球の水平方向のソナー画像と標準球方向のビームから得たエコーグラムである．TVGは40 logRに設定しているので，反射強度は距離と関係なく一定である．科学データ出力を使用して，この標準球のエコーのデータ収録が可能であり，また，エコーレベルの正確な値を測定することができる．図2·12は，標準球を使用してSP90の較正を行なっているときのソナー画像である．較正は非常に浅い海域で行ったので，サイドローブによる海底反射が確認できる．

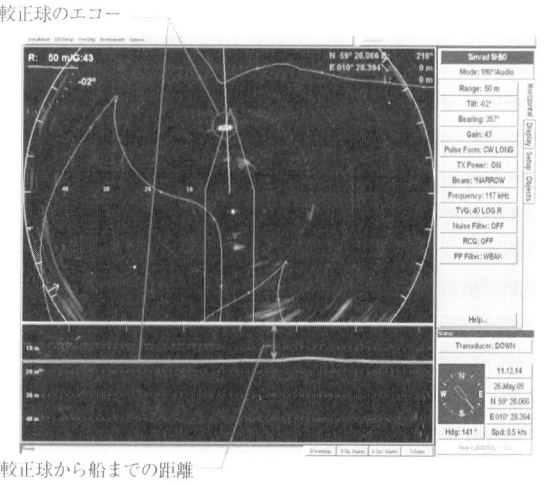

図2·11　SH80の較正時のエコーグラム

2. ノルウェーにおける科学計量ソナーの新技術　29

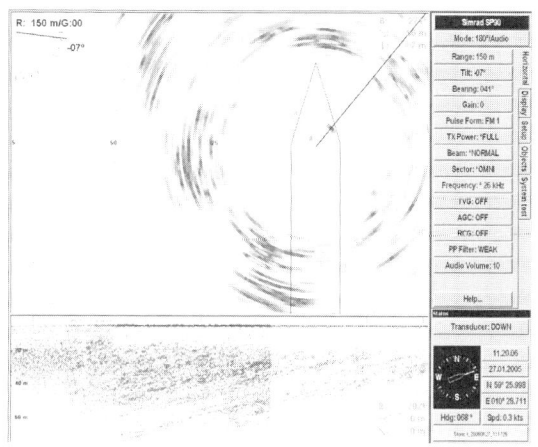

図2・12　SP90の較正時のエコーグラム

## §2. 水産研究における科学計量ソナーの使用

　水平に発射したソナーのビームは音速の鉛直勾配により屈折する（図2・13）が，約600 mまでは直線性をもつことから，ノルウェーのベルゲン海洋研究所（IMR）では600 mレンジでソナーを使用している．ベルゲン海洋研究所がニ

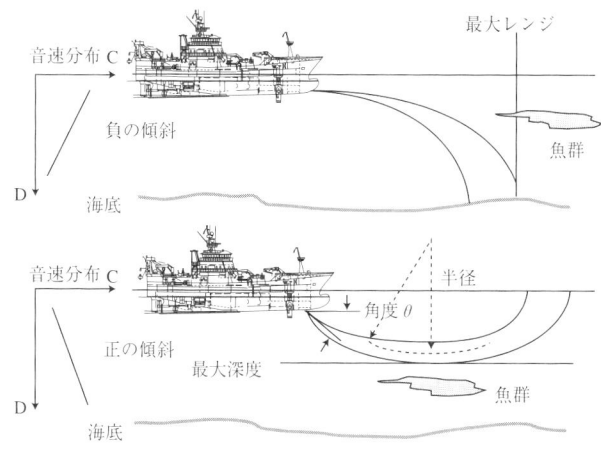

図2・13　全周ソナーの水平ビームの音速変化による屈折

シンの資源量を調査するために，中層トロールとまき網のコンビネーション船"LIBAS"を傭船するに当たり，18，38，70，120，200 kHzの5周波のEK60科学魚探システムに加え，SH80高周波全周ソナーをドロップキールに搭載すること（図2・14）を傭船の必要条件とした．その"LIBAS"にはSH80以外に船底に最大4台の全周およびスキャンニングソナーを搭載できるトランク（昇降装置搭載用に貫通した台座）が装備されている．

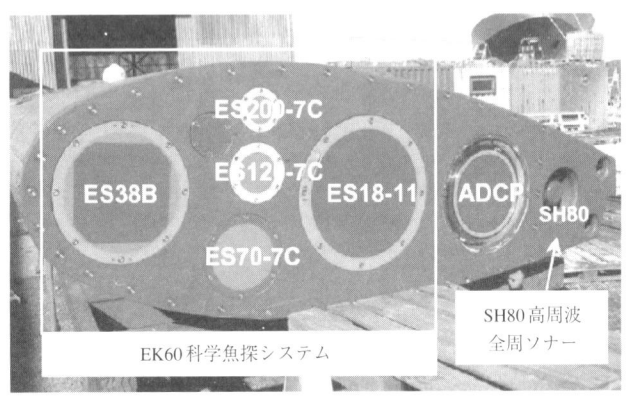

図2・14　漁業／調査船LIBASのドロップ・キール

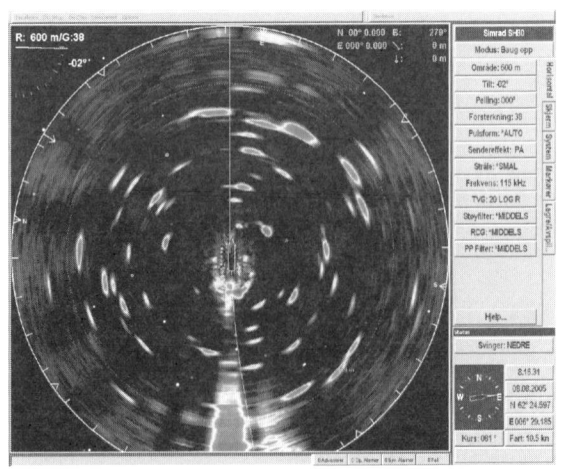

図2・15　夏季の散乱した小さな魚群のエコーグラム

冬期はニシンが密集して大きな魚群を形成するので，科学魚探システムで容易にニシンを特定することが可能であり，更に低周波の全周ソナーでも魚群を捕捉することが容易である．しかし，夏期は，ニシンに加えサバが混在し，散乱した小さな魚群を形成する（図2・15）．この小さな魚群が科学魚探システムの7×7°の鉛直ビームに入る確率は低く，また低周波の全周ソナーでは小さな魚群を捕捉することが困難である．以上の理由から，特に，夏季には低周波ではなく，高周波ソナーを水産研究に利用している．

### §3. 新世代の科学マルチビームシステム

SIMRADでは，前述した全周ソナーに加え，科学魚探システムの技術にKONGSBERGのマルチビーム音響測深装置で得た水中音響技術と音響信号処理技術，さらに，最新のコンポジットトランスデューサ技術を融合することにより，新世代の科学マルチビームシステムを開発した．それらは，フランスの海洋研究所（IFREMER）調査船"THALASSA"にME70マルチビーム科学魚探システム（図2・16）として，ノルウェーベルゲン海洋研究所調査船"G. O. SARS"にはMS70マルチビーム科学ソナーシステム（図2・17）として搭載された．

ME70はマルチビーム音響測深装置と同様に，船体に対して垂直方向に，ファン状にビームを配置することが可能である．図2・16に示した扇状のビーム

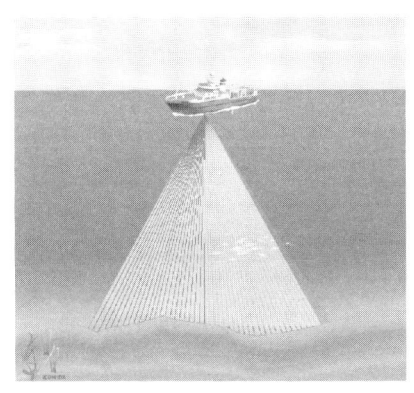

図2・16　ME70マルチビーム科学魚探システム　　図2・17　MS70マルチビーム科学ソナーシステム

を形成し，最大±45°のスワス幅，1から45のスプリットビームを2から7°のビーム幅で形成することが可能である．また，70 kHzから120 kHzの周波数範囲で任意の周波数を選択し使用することが可能で，サイドローブレベルも双方向で－35 dBまで低減させることに成功している．図2・18（口絵）はME70で捉えた海底から海面近くまで立ち上がるニシンの魚群である．下段中央のファン状のエコーグラムは29本のビームから構成されたエコーグラムであり，上段の3つと下段両側の2つのエコーグラムは，ファン状エコーグラムの中央付近を5分割して，5ビームごとにEK60科学魚探システムと同様にエコーグラム表示したものである．ニシン群の中心が船体直下ではなく，左に寄っていることがわかる．

　一方，MS70マルチビーム科学ソナーシステムはトランスデューサをドロップキールの側面に装備し，水平にビームを格子状に送信する．水平方向に25本×鉛直方向に20本，計500本のビームを格子状に送信する．ビーム幅は，水平方向に3°×鉛直方向に4°であり，水平方向に±30°×鉛直方向に45°の幅で送信可能である．周波数は75から112 kHzの周波数範囲を各ビームに振分けることができる．サイドローブは双方向で水平方向に－25dB，鉛直方向

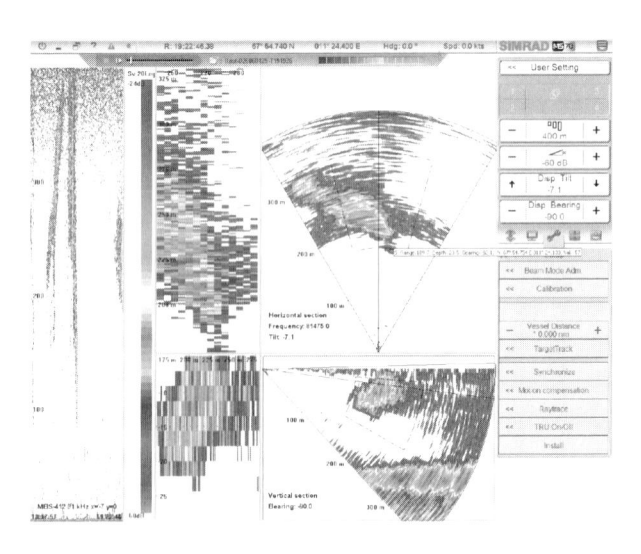

図2・19　MS70表示例

に−35dBに抑えることに成功している．またビームスタビライズ機能を有しているので，船体の動揺によるローリング補正が可能である．MS70マルチビーム科学ソナーシステムは調査船"G. O. SARS"に搭載され，試験が実施された．図2・19に表示例を示す．ME70マルチビーム科学魚探システムは，3Dのデータ解析が可能であり，MS70マルチビーム科学ソナーシステムは，時間軸を加えた4Dのデータ解析が可能となる．

## 文　献

1) R. J. Uric : Principles of underwater sound, 3d edition, McGraw-Hill Book Company (1983).

2) D. N. MacLennan : The theory of solid spheres as sonar calibration targets, *Scott. Fish. Res. Rep.*, 25, 20 (1981).

# 3. 国産計量ソナーの最新技術

西 森　　靖*

　スキャニングソナーは国内では1970年代に漁船漁業へ導入され，漁業の科学化，操業の効率化に貢献してきた．これまでの技術開発により探索範囲，分解能を初めとする機能性能は年々進歩している．一方，ソナーの普及と同時に，目的とする魚種の決められた漁獲量を効率的に漁獲するための漁獲管理が求められるようになった．そのためには発見した魚群について魚種，魚体長，魚群量のわかるソナーが求められている．また，水産資源計測の分野では，① 垂直魚探が苦手であった表層魚群の音響調査が可能になる，② 調査範囲が飛躍的に広がるなどの利点をもつ，ソナーを用いた資源量計測に期待が高まりつつある．
　筆者らがこれまで開発してきた国産ソナーの最新技術，計量ソナー開発，およびノルウェーで行なったフィールド評価結果について紹介する．

## §1. 最新のスキャニングソナー技術

　近年のデジタル技術の飛躍的発展に伴い，ソナー技術もそれと並行して進歩してきた（図3・1）．純アナログのシステムであったソナーが2000年には半デ

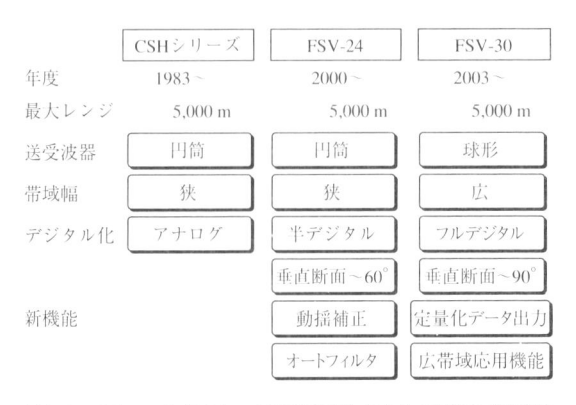

| | CSHシリーズ | FSV-24 | FSV-30 |
|---|---|---|---|
| 年度 | 1983～ | 2000～ | 2003～ |
| 最大レンジ | 5,000 m | 5,000 m | 5,000 m |
| 送受波器 | 円筒 | 円筒 | 球形 |
| 帯域幅 | 狭 | 狭 | 広 |
| デジタル化 | アナログ | 半デジタル | フルデジタル |
| 新機能 | | 垂直断面～60° | 垂直断面～90° |
| | | 動揺補正 | 定量化データ出力 |
| | | オートフィルタ | 広帯域応用機能 |

図3・1　スキャニングソナー（古野電気製）における近年の技術革新

* 古野電気株式会社

ジタル化，そして最新のソナーでは，フルデジタルシステムへ発展した．デジタル化とともにキーテクノロジーとなったのが広帯域化技術である．送受波器の広帯域化に伴い，システムは広帯域フルデジタルシステムとなり，① 従来困難であった大規模な信号処理により探知距離向上，ビームスタビライズ，方位別周波数送受信（DFM）によるサイドローブ低減などの高性能化，② 2モード同時送受信などの広帯域応用新機能が実現された．一方送受波器においては，広帯域化に加え，全方向探知可能な球形送受波器へと進歩している．また振動子素子の高効率化により送信電力が軽減され，機器の小型化も可能となった．以下に新技術の詳細を示す．

### 1・1 探知距離

FSVシリーズから，デジタル化を強化し，電子的ビーム制御によるビームスタビライズ機能（動揺補正機能）や船速に応じて適応的に帯域を制御するオートフィルタ機能などを導入した．これらにより画像の安定化とともに，探知距離が大幅に伸張された．図3・2は北大西洋でのBlue Whiting漁の操業時の画像であるが，5,000 m以上の魚群探知距離が実現されている．

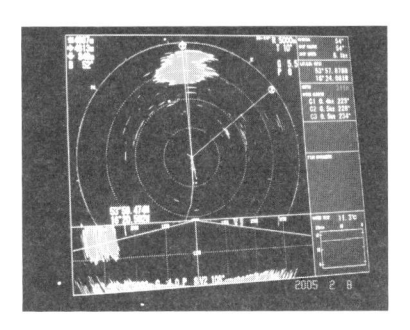

図3・2　FSV30遠距離探知の例（ブルーホワイティング魚群）

### 1・2 バイプレーンモード

球形送受波器採用の最大のメリットは，2断面で3次元的に魚群を探知できることである．水平走査データからは，海面からある俯角をもった円錐面内でのターゲットを検出するが，これだけで行う場合には魚群の位置や移動は円錐面内でしか検出できず，魚群の上下位置や上下移動を正確に検出できない．一方，垂直捜査情報のみで魚群位置検出を行う場合には，指定された垂直断面内

の魚群エコーしか抽出できず,円周方向の魚群位置や移動速度を検出できない.そこで,水平スキャンと垂直スキャンの両者を組み合わせ直交2断面(厳密には円錐面とそれに直交する垂直断面)で魚群エコーを捉えることにより,魚群位置や移動速度の3次元検出が可能となる.

FSV24,FSV30では,水平断面と垂直断面の2つの走査モード(バイプレーンモード)にて魚群を自動追尾する,3次元ターゲットロック機能を搭載している.但し円筒形送受波器のFSV24の垂直断面は－60°までの範囲である.図3・3に北海におけるニシン単群魚群を2断面にてターゲットロックして追尾しているときの画像を示す.水平断面画像上の4時方向の白線が垂直断面の探知方位を示し,垂直断面画像(右)の魚群反応を通過する白線が,水平断面画像のティルト角を示している.両白線とも魚群エコーを通過している事から自動追尾走査していることがわかる.2断面で自動追尾することにより,その重心位置から魚群速度を計算し表示させることも可能である.

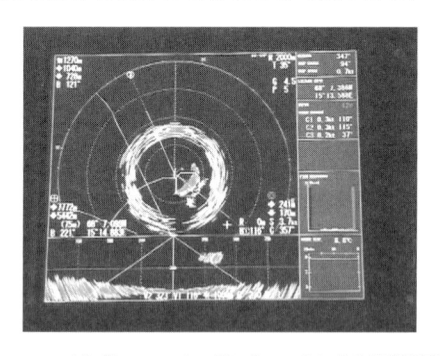

図3・3 FSV30バイプレーン・ターゲットロックによる魚群追尾時の映像

## 1・3 方位別周波数送受信(DFM;Directional Frequency Modulation)

図3・4にDFMの原理説明,図3・5にDFM適用によるサイドローブ抑圧例を示す.

方位別に異なる周波数成分を送信し,各方位の受信ビームごとに所望の受信帯域で受信する(図3・4下図).DFMの場合,受信ビームのサイドローブ方向には異なる周波数で送信されるためその方向の感度が抑圧される.従来方式(図3・4上図)と比較するとサイドローブが大幅に抑圧される.

DFMをフィールドにて評価した映像例を図3・5に示す.画面下側の垂直断

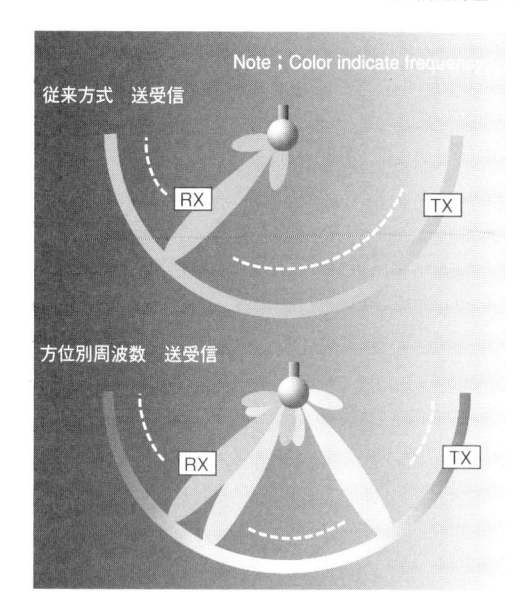

図3・4　DFMの原理図

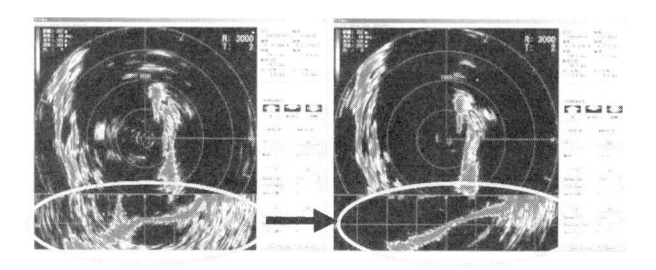

図3・5　ノルウェーフィヨルドでの画像比較
左；従来方式水平垂直2断面画像，右；DFM方式を適用した場合

面画像において，海底のサイドローブによるエコーがDFMにより抑圧されていることがわかる．特に海底付近の魚群探知に有用である．

## §2. 計量スキャニングソナー研究の経緯

漁業者向けスキャニングソナーの開発と同時にこれまで，図3・6に示すように各世代の機種を用いて全周スキャニングソナーによる計量化の研究に取り組んできた．

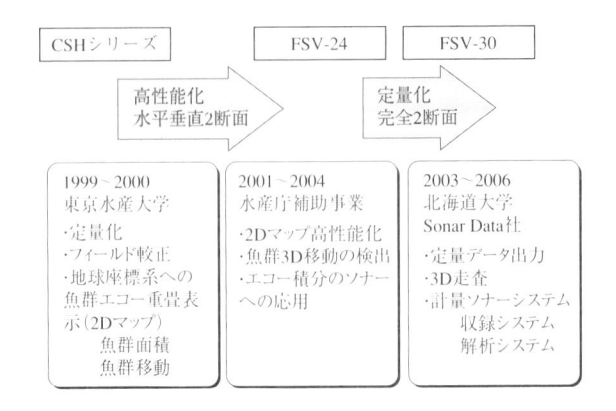

図3・6 計量スキャニングソナー研究の経緯

## 2・1 CSHシリーズを用いた研究

1999年から国内で初めて，東京水産大学・古澤，湯らにより，全周スキャニングソナーを用いた計量化の研究が行われた．ソナービームデータ定量化のための定式化，フィールド較正，エコーデータの地球座標系へのマッピングを行い，魚群分布面積，魚群移動計測の可能性が示された[1]．

## 2・2 FSV24を用いた研究[2]

FSV24では，送受波器の大型化とともに前述のようにデジタル化が進み分解能，探知距離などの基本性能が飛躍的に向上した．また動揺補正機能により安定したプラットフォームから高精度の探知が実現し，計量化へ一歩前進した．機能的には垂直断面モードが付加され，3次元的な観測が可能となった．2001年よりこのソナーを用いた計量ソナーの研究開発を水産業活性化ハイテクノロジー開発事業として実施した．主な成果として下記の2点があげられる．

### 1）地球座標系での魚群分布情報の把握

ソナーから得られる全周の魚群エコー情報を，自船の航行に合わせて地球座標系上に展開し，瞬時瞬時の情報だけでなく時間的空間的に蓄積された情報として魚群分布を把握できるシステムを開発した．2・1「CSHシリーズを用いた研究」での成果を発展させた機能である．ソナーで収録したエコー情報とGPSなどの航法装置の情報を組み合わせ，地球座標系上で簡易な手法（重ね書き）で表示することで，魚群分布の状況を把握することができた．

図3・7（口絵）に表示例を示す．スキャニングソナーFSV-24が装備されノルウェーのコンビネーション（トロールと旋網）漁船において収録されたデータを用いて解析した．解析に用いたデータは，海底水深150 m前後の海域で行われたニシン漁で収録したものである．ソナーの特徴である広範囲探知を有効に活用し，探索中の自船移動経路周辺の広い範囲（幅4,000 m）での魚群分布を表すことができた．

2) 魚群運動情報の検出

ソナーにて得られるバイプレーンエコー情報から魚群エコー情報を抽出し，魚群の運動情報を検出するソフトウェアを開発した．ニシン漁でのエコー情報を，開発したソフトウェアを用いて解析し，魚群追尾中の魚群情報を抽出することで逃避行動中の魚群の遊泳速度，方向を検出できることを確認した．水平断面モード重畳表示結果を図3・8に，速度解析結果を図3・9に示す．図3・8では，単群のニシン魚群が移動することによりドーナツ状に繋がって表示されている．

図には示されていないが，垂直断面情報も同時に採取されており，水平，垂直断面情報から魚群重心位置の3次元位置が求められ，水平，垂直の移動速度を知ることができる．図3・9がその解析結果である．この図より，魚群は1 m/s程度の速度で移動しており，周回している本船に連動して移動方向が変化している．また，魚群が海底付近から中層へ上昇した際の上下方向移動速度が0.2～0.5 m/sの速度であったことがわかる．

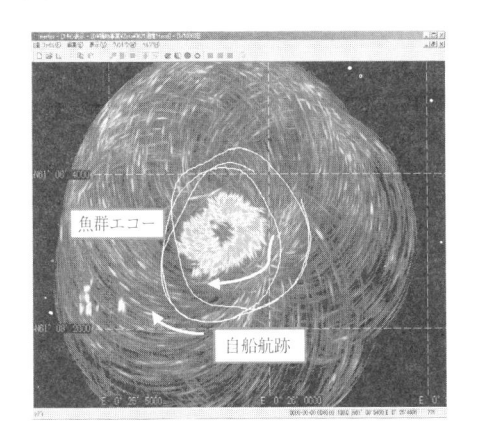

図3・8　魚群追尾中の地球座標系魚群重畳表示

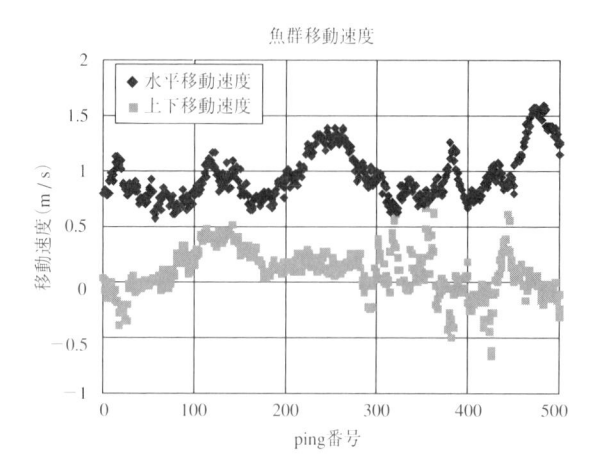

図3・9 抽出した魚群の移動速度

## §3. 計量スキャニングソナーの開発

2・2「FSV24を用いた研究」での課題は，非飽和の定量解析可能なデータの収集であった．エコー積分などの定量解析のためにはダイナミックレンジの広い非飽和データの収録可能な計量ソナーシステムを開発する必要があった．そこで新世代低周波スキャニングソナーFSV30をベースに，計量ソナーシステ

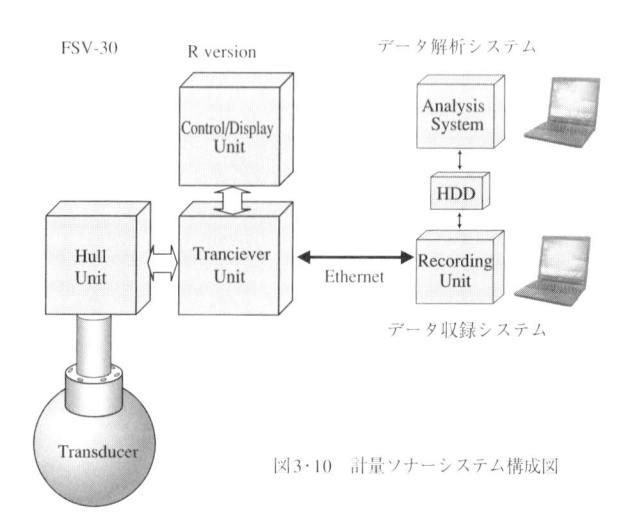

図3・10 計量ソナーシステム構成図

ムを北海道大学，Sonar Data 社と共同開発した．周波数は21 kHz～27 kHz 可変，ビーム幅（-3dB 全幅）は10°～12°（設定により可変）である．スキャニングソナー，データ収録システム，解析システムの3つのシステムにより構成される（図3・10）．FSV30は，工場水槽にて感度較正を行う．フィールド較正機能は下記のデータ収録システムに機能として組み込んだ．

### 3・1 データ収録システム

データ収録における主な特徴は，① 多様な走査モードにて魚群の3Dエコーデータが収録可能，② 非飽和生エコーデータの収録，③ 較正可能なシステム，④ リアルタイムモニタおよび再生可能な収録装置（PC），⑤ 漁業者使用中においても非飽和データ収集可能なスレーブ収録モードなどである．

表3・1に収録エコーデータの仕様，図3・11に計量ソナーの3D走査モードを示す．H mode とは水平断面（正確には円錐面）モード，V mode は垂直断面モードを意味する．フィールド較正は，水平断面モードのティルトスキ

表3・1 収録エコーデータ主要緒元

| 機能 | 性能 |
|---|---|
| 種類 | 振幅（検波）データ |
| ビット数 | 16 ビット（リニア） |
| ビーム数 | Max.128 |
| サンプルレート | 2 kHz |

DA-1：V-mode（cruise scan）

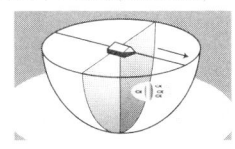

DA-4：V-mode（bearing scan）

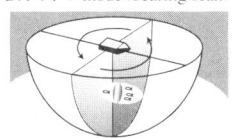

DA-2：S-mode（cruise scan）

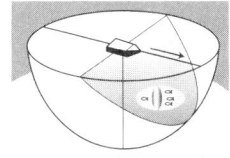

DA-5：H-mode（tilt scan）

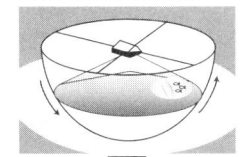

DA-3：H-mode（cruise scan）

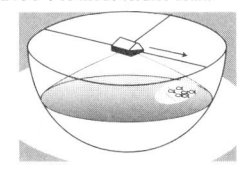

DA-6：H/V mode（bi-plane scan）

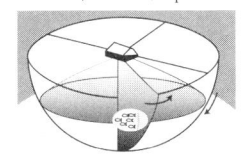

図3・11 計量ソナーの3D走査モード

ャン機能（図3・11，DA-5）を用いて，効率的に実施することが可能である．較正用のターゲットを舷側から沈め，DA-5の走査モードを用いて自動的に較正値を求めるツールを開発した．図3・12が概念図，図3・13がツールの実施例である．図3・13の中央の四角のカーソルで囲まれたエコーが較正球のエコー，サブウィンドウのグラフは，ティルトスキャンによるレベル変化を示している．レベル変化グラフの最大値から較正球のターゲットストレングスを計算し，理論値と比較することにより，較正値を求めて表示する．

　図3・14に収録システムによる収録中の表示画面を示す．左画面は，収録データをリアルタイムでモニターしている映像である．実機とほぼ同等の画像処理機能を埋め込み，実機並みの画質でモニターすることができる．中央のレベ

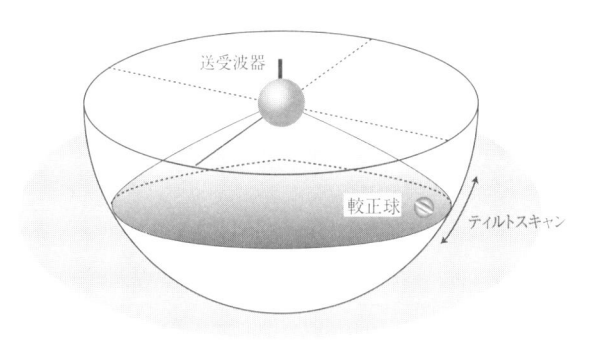

図3・12　フィールド較正概念図

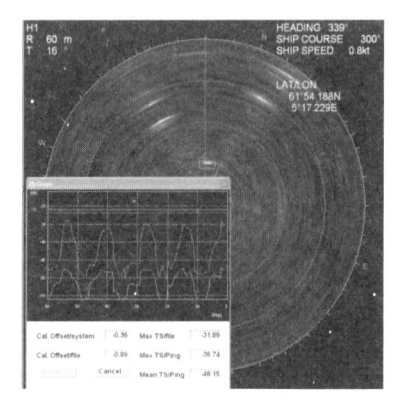

図3・13　ツールを用いたフィールド較正実施例

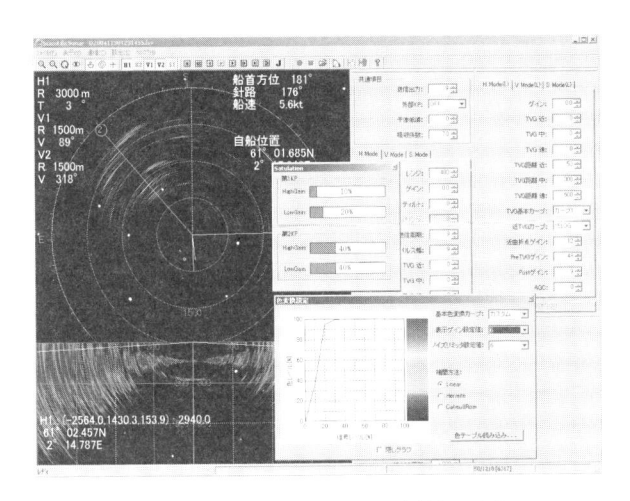

図3・14 収録システムにてデータ収録中の画面

ル表示は，収録データのレベルを示し，データが飽和しているか否かをチェックする機能である．右画面は，ソナーのパラメータ設定画面で，収録システムから，ソナーのゲイン設定，レンジ，ティルトなどの変更が可能である．

### 3・2 解析システム

解析ソフトウェアでは，① 3D 魚群抽出，表示，② 魚群体積計算，③ 3D エコー積分解析，④ 3D 魚群移動解析などがオフラインで可能である．

図3・11 の各種3D 走査モードにて収録したエコーデータに関して，魚群抽出を行い，抽出魚群に対する体積，魚群量を計算することができる．基本的な処理の流れを図3・15 に示す．対象魚の $T_S$ と 1 尾の重量 w が既知であれば，魚群重量推定値 B を求めることができる．また，式 (3・5) で定義される平均 $S_V$ 値も同時に計算表示する．

以下に3D エコー積分解析の原理を簡単に説明する．2次元のビーム走査により，単群の魚群を3次元探知し，得られたビームデータを3次元座標にマッピングする（図3・16）．2次元ビーム走査は，各種3D 走査モードにより可能である（図3・11）．この3D マッピングデータは，ビーム幅やパルス幅の影響を受け，実際の魚群形状からは広がって（ピンぼけ）表示される．

各ビームデータ $P_M$ を，式 (3・1) により $S_V$ に変換し，図3・16（右）のように

```
1. 各受波ビームデータをSvに換算
        ↓
2. Threshold 入力
        ↓
3. Sv値を3D座標上にマッピングし，魚群境界領域を検出
        ↓
4. 境界領域内の体積を計算
        ↓
5. 境界領域内のSv値の体積積分値を求める
        ↓
6. Ts値，魚重量w/尾を入力
        ↓
7. 魚群内総尾量Nを求める
        ↓
8. Bを求める
```

図3・15　魚群3D解析フローチャート

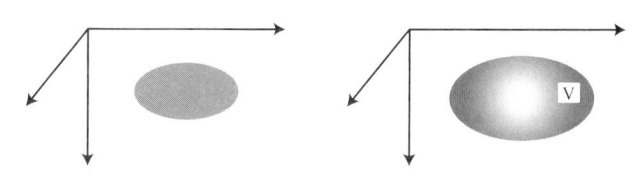

図3・16　実際の魚群分布（左）と得られたビームデータ（Sv）の3Dマッピング（右）の関係

広がった領域Vの範囲で体積積分を求めると，式（3・2）が得られる．

$$Sv = \frac{P_M^2 r^2 e^{2\alpha r}}{P_O^2 \dfrac{c\tau}{2} \Psi} \tag{3・1}$$

ここに，$P_M$ は各ビームの受信音圧，$r$ は受信時刻から求められる距離，$\alpha$ は吸収減衰係数，$P_O$ は送信音圧，$c$ は音速，$\tau$ はパルス幅，$\Psi$ は等価指向角である．

$$N \cdot Ts = \int_V Sv \cdot dV \tag{3・2}$$

ここに，$N$ は魚群内の尾数，$Ts$ は1尾のターゲットストレングスを示す．

但し，式 (3・2) は，$Ts$ が一定であるという仮定が入っていることには，注意すべきである．

式 (3・2) より，$Ts$ と1尾当たりの重量$w$が既知の場合，式 (3・3) により魚群量を推定することができる．この魚群量推定値を$B$で表す．

$$B = N \cdot w \qquad (3 \cdot 3)$$

一方，体積は下記の式により推定する．

$$Ve = \int_V dV \qquad (3 \cdot 4)$$

解析ソフトウェアでは，上記原理に基づき，図3・15のフローチャートに従って$Ve$および$B$を求める．

また，平均$Sv$は式 (3・5) により計算される．

$$<Sv> = \frac{\int_V Sv \cdot dV}{\int_V dV} \qquad (3 \cdot 5)$$

## §4. ノルウェーフィールドテスト

開発した計量ソナーシステムを評価するために，本ソナーを搭載した漁船を用いてフィールドテストを実施した．ノルウェー海においてニシン単群魚群のデータを様々な走査モードを用いて収録した．当初の計画では，対象魚群を実際に100％漁獲し，3・2で示した魚群量推定手法による推定結果と比較検証する予定であったが，漁の都合により残念ながら今回は漁獲することができなかった．しかし同一の魚群に対し，異なる距離，異なる走査モードでデータ採取し，各々の魚群量推定を結果を考察し，有益な知見を得ることができた．

### 4・1 方 法

表3・2に実験方法を示す．前述したとおり，評価用データの魚群量真値は漁獲しなかったため不明である．代わりに，ソナー士にソナーや魚群探知機の情報から経験に基づく魚群量推定を行って頂いたので，参考値として表3・2に記載した．また，評価データ採取魚群とは別の魚群であるが，同一海域，同じ日に操業，漁獲したデータを，解析に必要なTS値や，魚体長，重量などの参考データとして利用した．

表3・2 実験方法

| 日時 | 2005年12月2日 8:30～10:30 |
|---|---|
| 場所 | ノルウェー海TROMSO沖<br>69°43.933′N 14°8.582′E |
| 水深 | 2,000 m～2,500 m |
| 対象魚 | spring spawning herring |
| 走査方法 | 垂直断面+走行走査（図11.DA-1）<br>水平断面+ティルト走査（図11.DA-5） |
| 音響機器 | ■FSV30Rversion<br>スキャニングソナー22.5 kHz<br>■FCV30<br>スプリットビーム魚探38 kHz |
| 魚群量 | 約300 ton（ソナー上見積もり） |

## 4・2 結 果

評価用データ収録時のFSV30の表示画像と，スプリットビーム魚探FCV30の画像を図3・17，図3・18に示す．図3・17は水平／垂直2断面で対象魚群を走査している時のソナー画像である．画像の上2/3が水平断面モード，下1/3が垂直断面モード，水平断面中心部から伸びている糸状の白線が過去の自船航跡表示である．次に同じ日にデータ収録フィールド近辺にて，同一魚種の実操業を行った．漁獲した結果を表3・3に示す．収録したDA-1とDA-5走査のデータに対して，3・2に記した解析手法を適用し，体積，魚群量算出を行なった．使用した解析ソフトウェアはSonar Data社製Echoview3.50.57である．図3・19はDA-1の走査モードにて採取したデータに対し，3D魚群検出，表示した

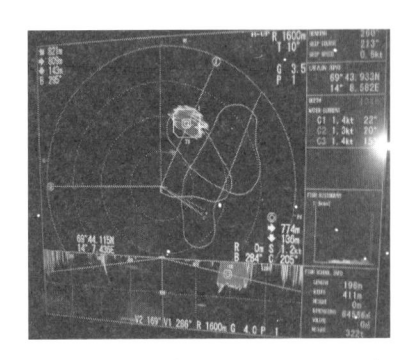

図3・17 FSV30（H/Vmode Biplane Scan）で捉えた対象魚群反応

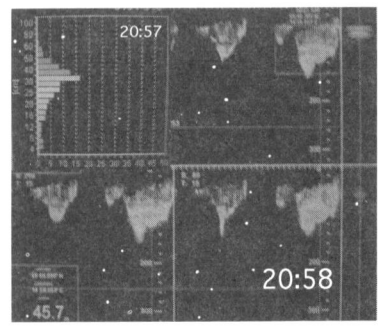

図3・18 漁獲したニシン魚群のFCV30映像と魚体長分布グラフ

表3・3　漁獲した魚群の調査結果

| 項目 | 値 | 備考 |
|---|---|---|
| 魚種 | spring spawning herring | |
| 魚体長 | 25 cm～32 cm | 上の写真参照 |
| 平均重量 | 270 g/尾 | サンプル調査 |
| 最大TS（中央値） | －33 dB | FCV30による計測値 |

図3・19　水平断面＋ティルト走査（DA5）データの3D表示
ティルト走査の範囲：－5～＋25°

結果を表示している．走行した航跡，ある時刻の自船位置，その時の断面画像も併せて表示されている．また，図3・20はDA-5の採取データを3D表示した結果である．自船位置とある時刻での水平断面情報も表示されている．これらの3Dデータに対し魚群量解析を行なった結果を表3・4に示す．魚群解析に用いたパラメータは，SV-thresholdは－62dB，TS（脊方向最大TS），魚重量に関しては，表3・3からTS＝－33dB，w＝270 gを用いた．図3・19，図3・20は3D表示に併せて解析結果を表示する

表3・4においてDA-1とDA-5の体積推定結果を比較したところ，その比は約2.6：1（－4.1dB）であった．体積測定結果に大きな差が出たのは，魚群までの距離が両者で異なるため，ビームの広がりの影響により，距離が離れるほどと体積は大きく計算されるものと考えられる[3]．

一方，エコー積分（Sv値の体積積分）から求められる魚群量推定値Bにつ

図3・20 垂直断面＋走行走査（DA1）データの3D表示

表3・4 魚群量解析結果（走査モード比較）

|  | 水平断面（H）<br>＋ティルト走査 | 垂直断面（V）<br>＋走行走査 | V/H比<br>dB |
| --- | --- | --- | --- |
| 魚群中心までの距離 [m] | 800 | 200 |  |
| 体積 [m³] | 27,000,000 | 10,500,000 | －4.1 |
| ＜Sv＞ [dB] | －53.5 | －47.9 | ＋5.6 |
| 魚群量推定値B [ton] | 65 | 92 | ＋1.5 |

いては，DA-1とDA-5の比は1：1.42（1.5 dB）で，体積に比較すると小さい差となった．本来魚群量算出において，式（3・2）および式（3・3）に用いるTSは，有効角度範囲における平均TSの値を用いる必要がある（今回は近傍の別魚群の脊方向最大TS測定値を用いた）．一方，鰾をもつ魚の3次元TSは図3・21のような特性を示す．魚群内の魚の姿勢のヨー角分布が一様分布であるとすると，水平方向から観測した水平断面モードより，脊方向から観測した垂直断面モードの方が平均TSは高くなると予想できる．その差がB 差1.5 dBに現れたものと考えられた．

今回の計算には脊方向の最大TSを用いて魚群量推定値Bの値を算出したが，上述のような平均TSを用いることができれば（例えば水平探知の場合，図3・21の水平方向の平均値），計算結果はソナー士見積もりの300 tに近づくものと思われる．

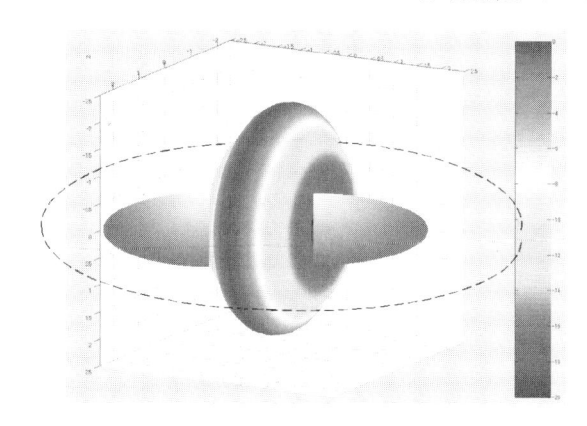

図3・21 典型的な有鰾魚の3次元TSパターン
(回転楕円体モデルシミュレーション)

## §5. 今後の課題

定量的な解析が可能な計量スキャニングソナーシステムを開発し，フィールド評価を開始した．定量化データを解析処理することが，魚群量推定に有効であることを示せたと考えるが，3次元TSの取り扱いが重要な課題であることを再認識した．資源量計測への利用に向け，今後，横方向TS補正方法の導入，数多くのフィールド検証（漁獲データとの対比）が必要である．

### 文　献

1) 湯　勇，古澤昌彦，青山　繁，樊　春明，西森　靖：全周型スキャニングソナーによる表層魚群の体積散乱強度の計測方法，日本水産学会誌，69, 153-161 (2003).
2) 石原眞次，西森　靖，岡崎亜美：魚種識別計量スキャニングソナーの開発，海洋水産エンジニアリング，5, 83-92 (2005).
3) K. Iida, Y. Tang, T. Mukai, and Y. Nishimori : Measuremnt of Fish School Volume by Multi-beam Sonar-Directional Resolution and Estimation Error, OACEANS'04 TECHNO-OCEANS'04, 401-408 (2004).

## 4. ソナーシステムによる水中情報の可視化と定量化

Ian Higginbottom* ・姜　明　希*

　短時間で広い海域の水中生物の分布や資源量を把握するため，高い分解能と広い探知範囲をもつソナーシステムが要求されている．計量ソナーは水中生物に関する科学的研究を行うために，特別に設計，開発されたものである．計量ソナーは通常の計量魚探機と比べて2桁あるいはそれ以上の膨大な量のデータを収集する．したがって，ソナーシステムのソフトウェアもまた，膨大な量のデータ処理と分析を迅速に実行しなければならない．水中生物量の推定や生態研究のためには，ソナーシステムからこれらの情報を引き出し，データの処理と分析が実現できる強力なアプリケーションソフトウェアが要求される．

　本稿ではSonarData社が開発した音響データ解析ソフトウェアであるEchoviewにおける，多様なソナーデータの3次元（3D）および4次元（4D）の視覚化技術と分析手法について述べる．

### §1. データの形式とソナーシステム

　現在，水産音響の分野において様々なソナーシステム，例えば，マルチビームソナー（Kongsberg Maritime/EM710, EM3002, Reson/7000 series, Kongsberg Mesotech/SM20），スキャニングソナー（Simrad/SP70, SH80），イメージングソナー（DIDSON, Blueview）などが使われている．最近では，Furuno/FSV30RやSimrad/ME70，MS70など，定量的な研究を目的としたソナーが開発されつつある．水産音響の研究者は多様な音響システムによる複数のデータ形式を読み取り分析することを望んでいる．特にソナーと計量魚探機間で，データを補い合う研究が行なわれるようになり[1,2]，ソフトウェアにもその対応が必要である．

　マルチビームソナーとスキャニングソナーは様々な形状の音響ビームを使用するため，ソフトウェアもそれらを考慮しなければならない．図4・1はソナー

---

\* SonarData, Australia

4. ソナーシステムによる水中情報の可視化と定量化 *51*

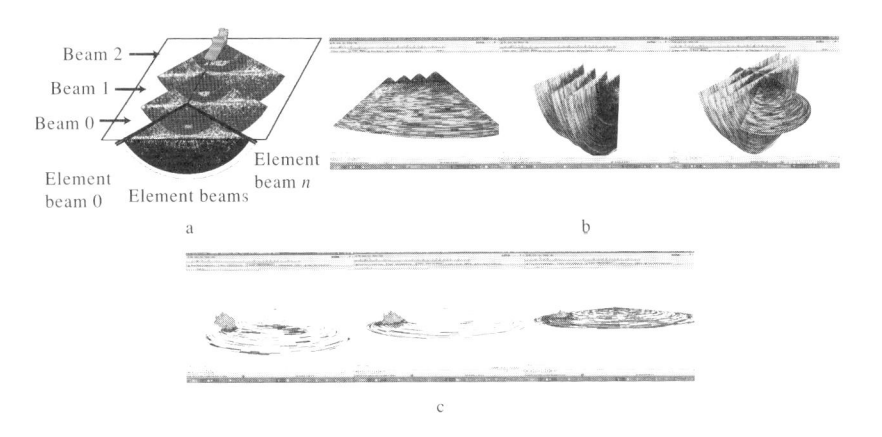

図4・1 ソナービームとスキャニングモードとの関係
a：マルチビームソナーにおける垂直ビームの航走スキャニングモード
（Simrad/SM2000）
b：水平ビームの航走スキャニングモード（左），垂直ビームの航走スキャニングモード（中央），複合ビームの航走スキャニングモード（右）
c：スキャニングソナーにおける水平ビームの計器スキャニングモード
（Furuno/FSV30R）

のビームとモードの関係，すなわち，水平ビームと航走スキャニングモード，垂直ビームと航走スキャニングモード，水平ビームと計器スキャニングモードの例を示す．ソナーシステムによる1つのビームは，Simrad/SM2000では128本の要素ビーム，Reson/Seabat 6012では60本の要素ビームからなっている．ソナービームの形状はビームのモードによって異なる．標準マルチビームモードは扇形となる（図4・1a）．水平モード（Hモード）は全てのデータが円錐形の殻の表面に載せたようになる．この円錐の角度をチルト角と呼び，ピングごとにその角度を変化させることが可能である．また，垂直モード（Vモード）の扇形ビームは，ベアリング角によってその開き角の調整ができる．傾斜モード（Sモード）も扇形であるが，チルト角とベアリング角によって変化させることができる．

次に，ソナービームと船舶の動きに基づいたスキャニングモードについて説明する．航走スキャニングモードは，船が航走しながら固定したチルト角の水平ビーム，あるいは固定したベアリング角の垂直ビームにより得られるデータモードである（図4・1b）．計器スキャニングモードは，停船中に，ベアリング

角あるいはチルト角を変化させて，ある海水の体積を繰り返しサンプルすることにより得られる（図4・1c）．Furuno/FSV30R は興味深いスキャニングモード，いわゆるターゲットロックスキャニングモードをもち，航走中または停船中に，VモードとHモードのビームを一組としてデータを収集する．一方，Simard/MS70 は1つのビームで体積のサンプルを収集することができる．各ビームは500本の要素ビーム（水平方向に25と垂直方向に20の要素ビーム）のマトリクスで構成される．

各要素ビームからは異なる時間と位置のサンプルデータが得られるため，ソフトウェアはこれらの多様なスキャニングモードにおけるデータサンプルを時空間的に処理するための環境を作ることが必須となる．

§2. データ処理

より効率的なデータの分析を行なうためには，ソフトフェアのプログラムにおけるデータの流れの概念を十分理解する必要がある．図4・2はソナーの生データや分析結果の表示とその出力までのデータ分析の流れを示す．Echoview はソナーシステムからデータを直接引き出す．それには音響データのみでなく，データ収集時の物理的情報やソナーシステムの設定値の情報が含まれる．センサーの位置，船の姿勢，船の地理的位置，航程なども必要になる．ソナービーム内のどの要素ビームにターゲットがあるかを知り，ターゲットの地理的な位置を決定するためには送受波器の幾何情報が必要になる．また，較正は定量的なデータの分析に不可欠である．Echoview はマルチビームデータに対して要

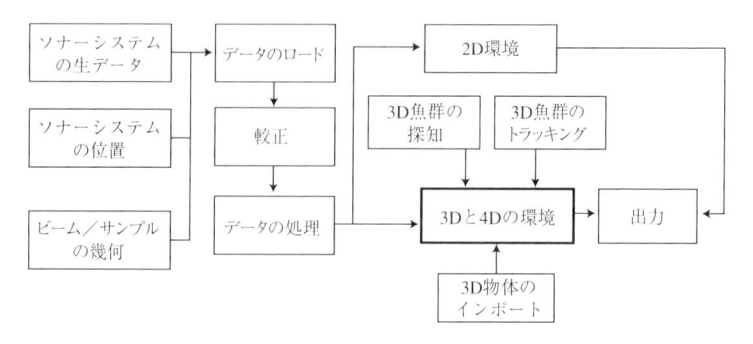

図4・2 Echoview におけるデータ処理のフローチャート

素ビームごとに較正の係数を適用する機能を有している[3]. さらに, スキャニングソナーに対しては, サンプルごとにTVG (Time Varied Gain) による距離補正を行なう. TVG特性は3つの領域で, 異なる係数を設定することにより, レンジによって異なる拡散減衰を補正する. また, 音響データから静止した物体や目的以外の生物のエコー, 背景雑音などのノイズを除去するフィルタを有している.

　ソナーデータの2次元表示は, 1ピングごとのエコーグラムをディスプレイ上に連続再生する. 3次元表示においては2次元エコーグラムと航走情報を組み合わせて, 緯度, 経度, 深度の3次元座標上に表現する. さらに, 時間の情報を加えると, 4次元の環境が作られる. Echoviewにおける3D物体とは3D魚群, 3D海底, 3Dシングルターゲット, 3Dフィッシュトラック, マルチビームのピングのカーテン, エコーグラムのカーテン, ラスタイメージ, C-MAPチャートを意味する. 3D物体は空間と時間の情報を含むので, 4次元における分析が可能である. 3D魚群のトラッキングのアルゴリズムは3D魚群の動きを追跡して, 4D環境で魚群を観察することができる. 2D, 3D, 4D環境における, あらゆるデータは外部へ出力することができる.

## §3. 視覚化

　人間は物を視覚や聴覚を使って認識するため, データの結果やその処理過程を視覚化することは非常に有効である. Echoviewはこの概念を取り入れ, 融通性の高いグラフィックスのインタフェースである, "データ変数と幾何ウインドウ" を有している. そこではソナーデータを演算して得られる仮想変数の結果やその過程を視覚化することができる. 演算子は機能によって算術, ビットマスク, 変換, 畳み込み, データ操作, イメージ, マルチビーム演算子などに分類される. 複数の演算子は研究に必要なニーズを満たすために自由に組み合わせることができる. 図4・3は "データ変数と幾何ウインドウ" において, DIDSONソナーの各ピングデータから静止した物体のエコーを削除して, 動いている魚のエコーを認識し, 魚の遊泳軌跡を2Dおよび3D画像として示したものである. この "データ変数と幾何ウインドウ" において, 送受波器と船舶の位置や音響データと仮想データ変数間の処理の流れが容易に理解できる.

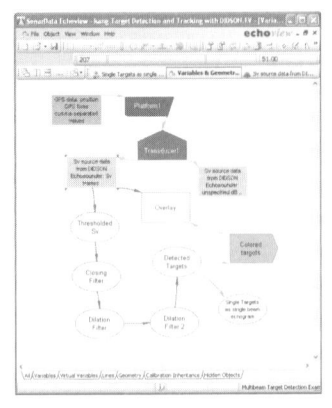

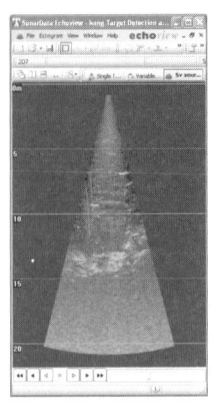

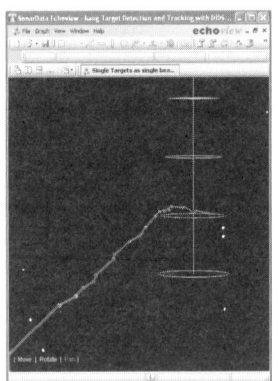

図4・3　DIDSON ソナーデータを用いた"データ変数と幾何ウィンドウ"とその処理結果
左上から"データ変数と幾何ウィンドウ"，エコーグラム，2D シングルターゲット
の軌跡，3D シングルターゲットの軌跡

## §4. 3D 環境

### 4・1　3D 魚群の識別

　魚群は大きく5つの特徴，すなわち時空間（緯度，経度，1日の時間と季節），形態（面積，長さ，外部長，厚さ，水平と垂直の荒さ），エネルギー（総，平均，最大の音響反射エネルギー，魚群の内部変動指数），環境（塩分，海底の地形），生物情報（体長，体重，年齢）で表される．これらの特徴は水中生物の生態を理解するだけでなく，資源量を評価するために重要である．計量魚探

機の場合は,2次元のエコーグラム上で魚群を検出し,その形態,水深,エネルギー的な特徴を比較的容易に得ることができる.しかし,2Dにおける魚群の識別では魚群の側面に関する情報が得られにくい.様々なスキャニングモードによる高分解能のデータが得られるソナーを利用すれば,3次元における魚群の検出と,多様な角度からの魚群の観察が可能となり,新たな観点が与えられる.3Dにおける魚群の検出はエコーの閾値レベルの設定と各ピングの連続性から判断される.画像処理ソフトウェアを用いて,2次元における魚群の位置を手動で測定して,3D魚群の特徴を引き出すこともできるが[4,5],データの処理には膨大な時間が必要となる.

Echoviewは3D魚群の検出を自動的に行い,さらに魚群中の"穴"も検出する.様々なサイズの"穴"は,魚種を識別する有効な情報の1つである.それは魚群の特徴を表す群内密度(Packing density)と関連するためである[6,7].Echoviewにおける3D魚群の検出は,航走スキャニング,計器スキャニング,ターゲットロックスキャニング,およびピングごとに行なわれる.3D魚群検出のアルゴリズムは以下のとおりである.

1) 航走で重複する全てのピングデータを削除する.
2) 魚群エコーの強さとレンジに閾値を設ける.
3) 各要素ビームにおいて,閾値以上の隣接するサンプルを囲んで3D化する.
4) 3D化の幅は,現在のピングから次のピングの間までとする.
5) 三角網(TIN)によって3D魚群の外面を作る.TIN(triangulated irregular network)は3次元表面を表す一般的な方法である.
6) 最後に3D魚群に外接する矩形の寸法を調べ,あらかじめ設定した魚群の最小寸法と比べて大きいときに,魚群として採択する.

計器スキャニングモードの場合,1回のスキャニングから得たサンプルデータをフレームとして扱う.各フレームに前述したアルゴリズムを適用して3D魚群を識別する.ピングごとのアルゴリズムは,ピング各々に魚群検出のアルゴリズムを使うが,魚群の幅は別途設定した値を使うことができる.ターゲットロックスキャニングでは一組のHモードとVモードの交線を探し,それを囲む楕円を3D魚群とする.図4・4は,ピングごとのアルゴリズムとターゲット

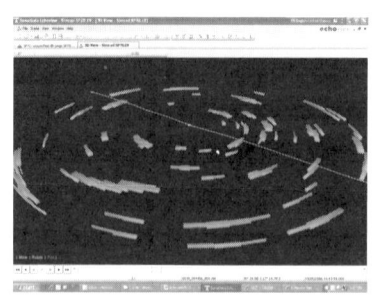

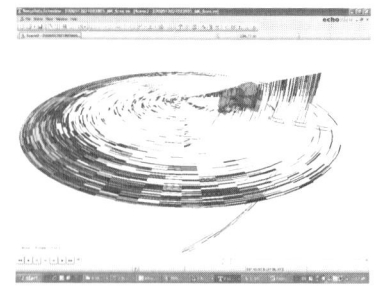

図4・4 3D魚群の検出
a：マルチビームソナー（Simrad/SP70）のピングごとアルゴリズムを用いて検出した3D魚群（South Africa, Marine and Coastal Management の Janet Coetzee 氏提供）
b：スキャニングソナー（Furuno/FSV30R）のターゲットロック機能を用いて検出した3D魚群（古野電気提供）

ロックスキャニングアルゴリズムを使って認識した3D魚群の例である．

### 4・2 3Dの視覚化

水産音響の専門家ではない人々のために，魚群や海底などを3次元的に視覚化し，水中情報を分かりやすく表示する必要がある．例えば，航跡図上にソナーのイメージと計量魚探機による2Dエコーグラムのカーテンを表示し，閾値を超えた魚群と海底を3Dで表示することができる[8, 9]．3D視覚化は魚群の行動，生物量の推定，分布域のマッピングのために使える強力な機能である．

Echoviewは，地球座標上に作られた3次元のシングルターゲット，フィッシュトラック，海底地形，ラスタイメージなどを表示，分析することができる．精密な海底の上に3D魚群が観察でき，水中の状況がより理解し易くなる．図4・5（口絵）はマルチビームソナー（Simrad/SM2000）のデータを用いて，海底，魚群，船を3次元的に視覚化したものである．

Echoviewの"シーン"は様々な3D物体を見るための3D環境である．3D空間における"シーン"は，観察者がカメラを持って歩きながら，動いている物体を撮影するのに似ている．"moving"，"rotating"，"panning"を調整して，あらゆる距離，方向からダイナミックに3D物体を見ることができる．

### 4・3 3D魚群のトラッキング

計量魚探機による魚のトラッキングは魚の計数と行動研究のために用いられる．魚の行動を精密に把握するために，トラッキングの出力，すなわち水平と

垂直の遊泳方向，分布深度の変化，遊泳速度は非常に有用である．同様に，3D魚群のトラッキングは，複数の3D魚群の中における特定の魚群の動きのパターンを表せるので非常に有効である．同一の魚群が時間的に連続して現れると，トラッキングのアルゴリズムを用いて3D魚群が追跡される．スキャニングソナー（Simrad/SR240，SA950）に内蔵された自動ターゲットトラッキング機能を用いて，ニシン魚群の遊泳速度と方向に基づいた行動調査の研究がある[10]．この機能は各ピングに対する魚群の位置を求め，そのピングにおける魚群の密度中心位置から魚群の遊泳速度と深度を計算した．

　Echoviewにおける3D魚群のトラッキングのアルゴリズムは，2Dにおける魚のトラッキングのアルゴリズムに基づいている．魚群検出アルゴリズムを用いて3D魚群を検出した後，3D魚群の重心を追跡する"alpha-beta"の方法を利用している．それは，現トラッキングにおけるポイントから次のポイントへの移動速度と位置を予想する．このアルゴリズムは，予想されたポイントが近接するトラックに採択すべきかどうかを決定する．それは，各ポイントの変数値（空間，時間，平均Sv，体積）に重みを付けて，各ポイントが最も関連するトラックに割り当てるようにする．3D魚群のトラックはポイントの連結となる．各ポイントは強さの情報をもち，もしSvのデータが利用可能なら強さは魚群の平均Svとなる．この3D魚群のトラッキングのアルゴリズムは異なるパラメータの設定により何回も試行でき，その度ごとに新しい3D魚群のトラックを作る．探知された3D魚群のトラックとその分析結果は画面上で見られるほか，ファイルに出力できる．特にスキャニングソナー（Furuno/FSV30R）の計器スキャニングモードによるデータは，この機能が有効に使える．図4·6は水平ピングと計器スキャニングモードで得たデータを用いて3D魚群を追跡した例である．

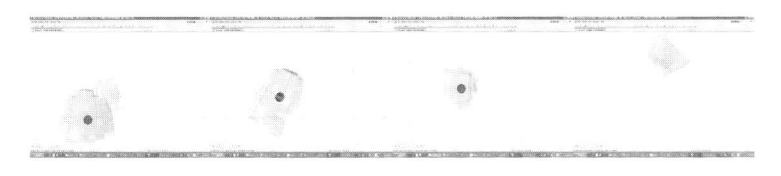

図4·6　スキャニングソナーによる3D魚群のトラッキング（Furuno/FSV30R）

## §5. 4D環境

X，Y，Z（緯度，経度，深度）と時間を用いると4次元の表示が可能となる．4D視覚化の主な目的は，3D海底上における魚群の動きをアニメーション化することである．4D視覚化により，3D魚群の時間的な動きと形態のダイナミックな変化を知ることができる．4D視覚化は同一の環境において，様々なデータから作られた3D物体の動きが観察，分析できるので，水中生物の生態に関する新しい視野を提供する．

Echoviewは水中生物のダイナミックな生態の観察と分析のために，3D環境に時間の次元を加えて4D環境を作った初めてのアプリケーションである．4D環境の"シーン"における3D物体は，ある空間の位置と時間の範囲をもっている．"シーン"は時間調節ツマミ（スライダー）によって時間の間隔を任意に指定することができ，魚群やプランクトンの群れが，いつ，どこに分布するかを知ることができる．水産生物の資源を，より正確に評価するためには，年齢構造や魚群行動，内部構造，周囲環境を正確に把握することが重要であり[1]，その機能が有用に使われる．図4・7は4D環境下において，探知した3D魚群が時間の経過とともに形態が変化する様子を示している．

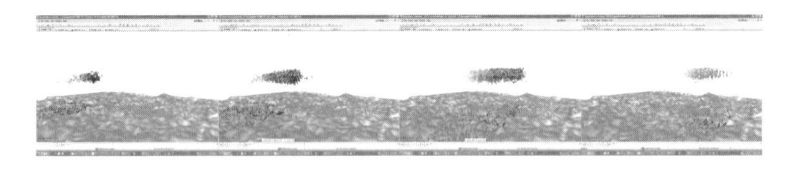

図4・7 4D環境における3D魚群の動きの変化

## §6. 分析したデータの出力

Echoviewによる魚群の形態と定量的な分析結果はユーザによる更なる分析のためにTextフォーマットで出力される．また，3D物体はWorld（wrl）ファイルとして出力でき，VRMLビュワーを用いて3Dグラフィックスで表示可能である．表4・1はEchoviewにおいて3D魚群を分析した結果の一部分である．この中で，"オブジェクトの外接矩形の寸法"は，魚群の幾何学的大きさを表し，"荒さ"は魚群の体積を表面積で割った，魚群形状の複雑度を表す指数である．"穴"とは3D魚群内の空洞を意味する．定量的データに関しては，"$N\sigma_{bs}$"

表4・1　3D魚群の形態的特徴と定量的測定項目

| 測定項目 | 単位 |
|---|---|
| 表面積 | $m^2$ |
| 南北方向の長さ | m |
| 東西方向の長さ | m |
| 最小と最大の深度 | m |
| 高さ | m |
| 体積 | $m^3$ |
| 緯度，経度における幾何学的な中心 | ° |
| 深度における幾何学的な中心 | m |
| オブジェクトの外接矩形の寸法 | m |
| 荒さ | /m |
| 穴の数 | — |
| 穴の全体積 | $m^3$ |
| $N\sigma_{bs}$ | $m^2$ |
| 平均，最小，最大 Sv | dB re 1/m |
| 緯度と経度における中心質量 | — |
| 深度における中心質量 | — |
| 魚種名 | — |
| 魚群内の魚種の百分率 | % |
| 魚種のTS | $m^2$ |
| 魚種の体重 | kg |
| 尾数密度 | $/m^3$ |
| 重量密度 | $kg/m^3$ |

表4・2　3D魚群のトラックングによる測定項目

| 測定項目 | 単位 |
|---|---|
| 3D魚群トラックのグループ名 | — |
| 3D魚群トラックの名 | — |
| 3D魚群の数 | — |
| 3D魚群の位置（緯度，経度） | ° |
| 3D魚群の位置（深度） | m |
| 緯度，経度における3D魚群の速度 | /m |
| 深度における3D魚群の速度 | /m |

は生物量を表し，Nは魚群内の魚の密度，$\sigma_{bs}$は一尾当たりの後方散乱断面積である．

Echoviewは3D魚群のみでなく，多様な3D物体も出力できる．例えば，3D海底における各ポイントの緯度，経度，深度，および面積や高さなどの特徴が画面上に表示されるとともに，CSV（Comma separated values）フォーマットで出力できる．3D魚群のトラッキングの分析結果を表4・2に示す．

## §7．今後の課題

　Echoviewは音響システムによる生データを処理し，2D，3D，4Dの視覚化を通して，分析した結果を定量的に出力する強力なアプリケーションツールである．今後，様々なソナーデータに対応するとともに，他のソースからのデータを統合的に処理し，より融通性ある操作と新しい分析手法を取り入れて，その応用範囲を広げていく予定である．例えば，効率的で損失のないデータ圧縮，分析，視覚化技術，ノイズやスパイク信号などの雑音の自動除去機能，3D魚群の分類と検出方法の改善，積分法や計数法による資源量推定支援機能などがある．マルチビームソナーとスキャニングソナーは比較的新しいシステムであり，魚群からの後方散乱強度を測定し，生物量を推定するための計量ソナーが

現在,開発されつつある.そのために必要な研究は,魚の3次元Ts,Tsの理論モデル,魚の *in situ* Tsの推定法などがあげられる.また,ソナーから出力される体積散乱強度の値は較正されている必要があり,そのためにソナーの較正も重要な課題である.Echoviewは科学者とともにソナーデータの分析方法の進化と機能強化を続けて行くだろう.

## 文 献

1) O. A. Misund, A. Aglen, J. Hamre, E. Ona, I. Røttingen, D. Skagen, and J. W. Valdemarsen : Improved mapping of schooling fish near the surface : comparison of abundance estimates obtained by sonar and echo integration, ICES J. mar. Sci., 53, 383-388 (1996).

2) G. D. Melvin, N. A. Cochrane and Y. Li: Extraction and comparison of acoustic backscatter from a calibrated multi- and single-beam sonar, ICES J. mar. Sci., 60, 669-677 (2003).

3) C. J. Foote, C. Chu, T. R. Hammar, K. C. Baldwin, L. A. Mayer, L. C. Hufnagle, and J. M. Jech: Protocols for calibrating multibeam sonar, J. Acoust. Soc. Am. 117 (4), 2013-2027 (2005).

4) M. Soria, T. Bahri, and F. Gerlotto: Effect of external factors (environment and survey vessel) on fish school characteristics observed by echosounder and multibeam sonar in the Mediterranean sea, Aquat. Living Resour. 16, 145-157 (2003).

5) F. Gerlotto, J. Castillo, A. Saavedra, M. A. Barbieri, M. Espejo, and, P Cotel: Three-dimensional structure and avoidance behaviour of anchovy and common sardine schools in central southern Chile, ICES J. mar. Sci., 61, 1120-1126 (2004).

6) O. A. Misund : Dynamics of moving masses : variability in packing density, shape, and size among herring, sprat, and saithe schools, ICES J. mar. Sci., 50, 145-160 (1993).

7) F. Gerlotto, M. Soria, and P. Freon : From two dimensions to three : the use of multibeam sonar for a new approach in fisheries acoustics, Can. J. Fish. Aquat. Sci. 56, 6-12 (1999).

8) G. D. Melvin, Y. Li, L. Mayer and A. Clay : Commercial fishing vessels, automatic acoustic logging systems and 3D data visualization, ICES J. mar. Sci., 59, 179-189 (2002).

9) L. Mayer, Y. Li, and G. Melvin : 3D visualization for pelagic fisheries research and assessment, ICES J. mar. Sci., 59, 216-225 (2002).

10) M. T. Hafsteinsson and O. A. Misund: Recording the migration behaviour of fish schools by multi-beam sonar during conventional acoustic surveys, ICES J. mar. Sci., 52, 915-924 (1995).

11) M. Kang, S. Honda, and T. Oshima: Age characteristics of walleye pollock school echoes, ICES J. mar. Sci., 63, 1465-1476 (2006).

## II. 計量ソナーによる資源調査の実際

## 5. 国内におけるスキャニングソナーを用いた資源調査の実際

濱 野　　明*

　近年，漁業用音響計測機器は漁獲対象物の探査だけでなく，広範囲な海域の資源量調査や海洋生物の分布・生態などの情報をリアルタイムで収集できる有効なツールとして幅広い分野で使用されている．そのなかでも計量魚探機は音響資源調査の中心的機器として，この20年間で，実用段階に達するまで発展してきた．しかし，これは船から下方に向けられた単一ビーム内の魚群エコーを計測するため，調査コースのほぼ直下の非常に狭いビーム内における資源量情報しか得られない．特に，沿岸域には，天然礁，人工礁など，起伏と変化に富んだ海底形状や海底底質があるため，魚群分布は一様ではない．しかも，海中空間に分布する海洋生物は環境の影響を受けて三次元的にしかも短時間に移動するため，従来の垂直魚探機による情報をもとに統計的に補間する方法では，魚群分布を正確に把握することはできない．実際に浮魚のように表・中層に生息する魚群に対しては探索範囲が十分でないため，水平方向のビームを用いて探知範囲を広げる必要がある．このような背景からスキャニングソナーが科学的資源調査へ利用されるようになってきた．ソナーは海中の魚群や海底を広範囲に短時間で探索できるばかりでなく立体的な魚群形状，移動速度などの情報を計測することもできる．さらにGISなどの地理情報システムソフトと組み合わせることにより，海中音響リモートセンシング手法としての高度化が期待されている．

　本稿では日本国内でスキャニングソナーがどのように利用されてきたか，また筆者らが沿岸域で行っているスキャニングソナーを利用した資源調査の実際について紹介する．

---

\* 水産大学校

§1. 漁業におけるソナーの利用

スキャニングソナーの技術開発の歴史を振り返ってみると，その機器の普及と性能の向上は水産業の発展とともにあったと言っても過言ではないだろう．漁業において期待されるソナーの機能としては，第1に魚群を遠方から探知できること，第2に魚群行動を捕捉し続けることができること，第3は発見した魚群の魚群量を予測できることの3点である．これら重要な機能は，今日の計量型ソナー開発に至る原点とも言える．第1点目の問題としては，漁業活動における所要時間のほとんどが，魚群探索に時間が費やされていることにある．たとえば1950年代の北大西洋におけるロシア（旧ソ連）のトロール漁船でニシン漁業における興味深い報告がある[1]．これによると，探索に379時間，トロール曳網に119時間，投揚網に120時間，時化のためのロスタイムに119時間を費やしたというものである．漁撈活動における時間の半分は探索に当てられていることになる．これは漁業者が漁場選定や魚群探索が終われば，漁撈活動の6～7割は終わったという話と一致する．

ところで漁船漁業にソナーが本格的に導入され始めたのは，1950年代のヨーロッパにおけるニシン漁業からと言われている[2]．この頃ニシンの回遊パターンと行動の顕著な変化が起こり，これらの変化に対応する探索と漁獲のために新たな方法が必要となった．また，1950年初頭に表中層に分布する魚群を漁獲するための中層トロール漁法が開発された．この中層トロールでは，まず魚群を遠方より探知し，曳網コースを決定するまでソナーで魚群の捕捉観測を続けることが重要となる．魚群の行動や船の動きに対して投網コースを調整するためには，漁撈作業の全過程において，絶えず，魚群と船の相対関係を把握し続ける必要がある．このようなことから，水中探索範囲を広げることと，追尾機能を有した機器の開発が行われたのは，ごく自然の成り行きであった．このことはまき網漁業でも同様で，移動中の魚群を追跡・観察し，魚群の移動方向に応じて投網するには，ソナーで魚群を捕捉し続ける必要がある．このように船・魚・網の相対位置を保つために，前述の第2点目の機能をもつソナーは漁撈作業にとって極めて重要なツールとして利用されてきた．

一方，日本国内では，1965年頃，まき網漁業に記録式サーチライトソナーが導入された．その後，1973年にスキャニングソナー方式のソナーが開発さ

れ,まき網漁業に多く用いられるようになり,その操業形態そのものも変化していった.この操業形態の変化とソナーの普及,変遷については鉛の報告[3]に詳しい(図5・1).このなかで,まき網漁業以外にも,さんま棒受け網,トロール漁業,かつお一本釣り,いか釣り漁業,まぐろはえ縄漁業においてソナーが利用されてきており,その用途と質の変化が4つの段階を経て発展してきたと述べている.すなわち,①広範囲な探索能力強化の段階 ②漁場・魚種別に特化した機能強化の段階 ③資源状態の変化に合わせた性能強化の段階 ④漁撈システムとしての機能強化の段階である.ここで見出されるソナー利用の変遷は,単なる漁獲のための探索機器からFishing gearとしての位置付け,さらに資源管理を考慮した選択的漁獲のためのツールへと発展してきた流れでもある.このことは,次の3点目の課題として引き継がれることになる.

3点目はソナーによる魚群量推定の問題である.漁撈長の一番大きな仕事は魚群を発見したあと,その魚群が"shoal of fishing value"[1](網を入れる価値がある魚群)であるかどうかをソナー情報から判断しなければならないことである.しかし,ソナー映像は魚探映像に比べるとその解読はそれほど容易ではない.たとえば,全周ソナーは表・中層遊泳魚群の探査目的で開発されたが,水平方向のビームの物理的な広がりは短距離では狭いので,ターゲットを捕捉し続けることは魚群に近づくにつれて難しくなること.また,針路を変えると船の伴流が魚群映像に重なるため,映像判読がより複雑になること.さらに送受波器の方向を変えるためのチルト(俯角)操作もかなり熟練を要するなどであった.これらの問題を劇的に解決したのが,スキャニングソナーの表示が記録紙からICメモリ付きCRTに変換されたことと,画像が音響強度に対応したカラー表示になったことであろう.これによって距離と方位の二次元情報が得られるのはもちろんのこと,魚群密度が音響強度と相関関係をもつ色情報として表示されるようになった.このことにより漁業者は網を入れる価値があるかどうかを色情報から経験的に判断することが可能となった.このことは,スキャニングソナーの資源調査への応用,さらに計量ソナーの開発につながる現在の研究の流れにもなっている.

次項では,筆者らが市販のセクタースキャニングソナーを用いて行った資源調査事例を中心として現状と今後の問題について触れることとする.

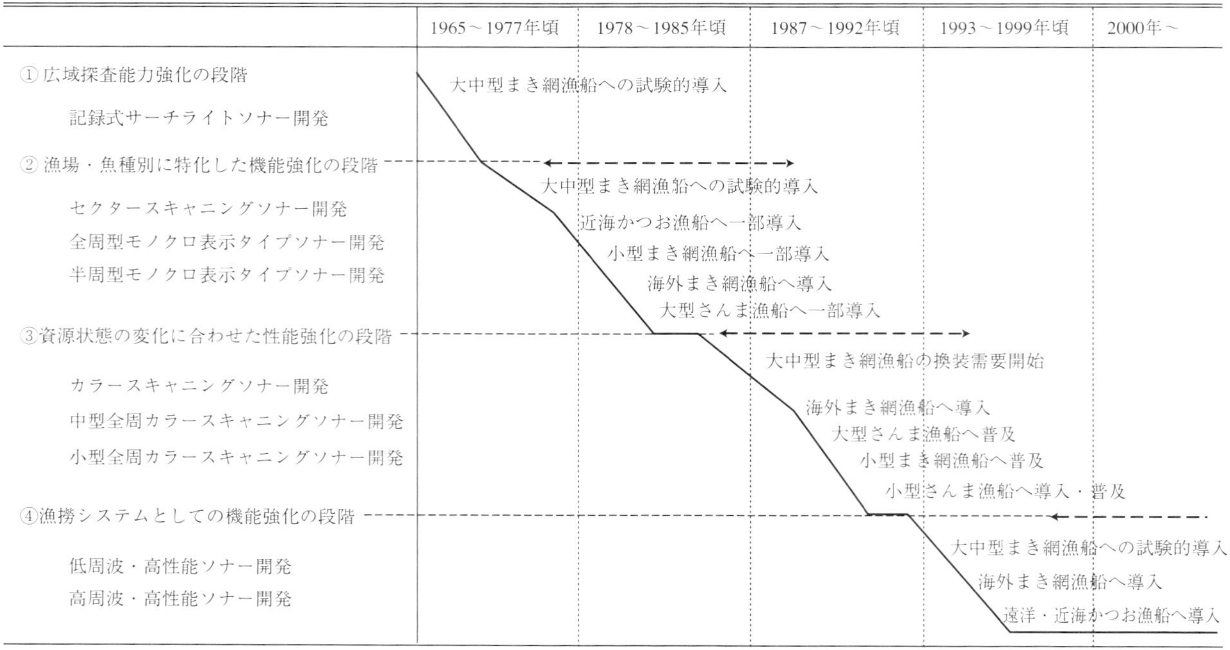

図5・1 日本の漁業におけるソナーの導入と普及過程(鈴,2006改変)

## §2. スキャニングソナーを用いた資源調査の実際
### 2・1 スキャニングソナーと計量魚探機とを組み合わせた調査法

スプリットビーム型計量魚探機の開発により,自然に遊泳している魚のターゲットストレングスを簡単にしかも正確に計ることが可能になった[4].しかし,垂直魚探機では,船底直下のビーム幅範囲内に分布する魚群を探知することはできるが,船の左右方向に分布する魚群規模を計測することはできない.一方,スキャニングソナーは計量魚探機のように魚群密度を定量的に計測することはできないが,魚群の広がりは計測できる.そこで両者の欠点を補い,さらに利点を組み合わせた新しい半定量的な魚群量推定法を考案した.計量魚探機により魚群密度を推定し,同時にスキャニングソナーで得られる水中情報を超音波断層画像のような情報として取り扱い,画像処理技術を応用することにより,三次元的に魚群規模を再現する方法である[5].筆者らは1998年から2006年の間,福岡県筑前海地先(奈多沖)に来遊するカタクチイワシ魚群[6〜8]や山口県奈古沖の魚礁漁場に蝟集するアジ魚群を対象として,沿岸海域における調査を行ってきた[9,10].本稿ではアジ魚群の調査事例を中心に報告する.

### 2・2 調査方法

対象とした調査海域は山口県阿武町の2.5マイル沖の魚礁漁場である.図5・2に示す通り調査海域には(a)9 m型魚礁,(b)30 m型高層魚礁,さらに(c)7.5 m型,5 m型魚礁が南北方向に設置されており,また北東部には最浅部16 mの二島グリと呼ばれる東西・南北方向に1.5〜2 km程度の広がりをもつ天然礁がある.2001年7月,同海域の魚礁漁場に蝟集する魚群を対象として,山口県水産研究センターの"くろしお"(総トン数119 t)により調査した.用いた音響機器は準理想ビーム型計量魚探機(古野電気製FQ-70, 50 kHz),およびカラーセクタースキャニングソナー(古野電気製CH-34, 162 kHz)である.表5・1にそれぞれの性能を示す.音響調査では図5・2に示すように東西方向2.5マイルの距離に0.1マイル間隔の調査定線を設定し,3.5ノットで航走した.計量魚探機により得られた音響信号はデータレコーダ(Sony製,PC-208A),スキャニングソナー信号はビデオ装置(Sharp VC-LX2)にそれぞれ収録し,研究室で解析した.また,エコーグラムに映し出された魚群の種判別については,一本釣り漁船を用船して釣獲調査を並行して行い,サンプルはす

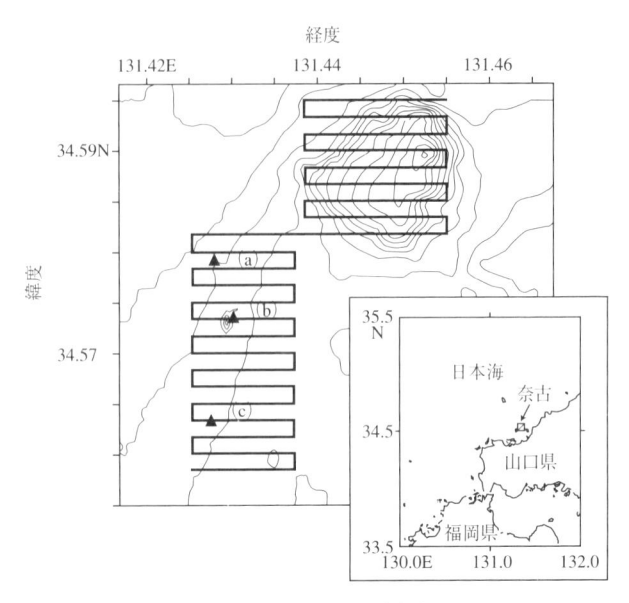

図5・2 調査海域図と調査定線
(a)(b)(c)は魚礁位置を示す.

表5・1 使用したスキャニングソナーと計量魚探機の性能表

|  | 計量魚探機 | セクタースキャニングソナー |
|---|---|---|
| 周波数(kHz) | 50 | 162 |
| ソースレベル(dB) | 208.7 | 224 |
| ビーム幅(°) | 12.2 | — |
| 水平 | — | 12 |
| 垂直 | — | 9 |
| パルス幅(ms) | 0.6 | 0.33 |
| TVG | $20\log R$ | $20\log R$ |
| ピング周期(rates/s) | 1 | — |
| 走査周期(s) | — | 12 |

べて持ち帰って研究室で全長,標準体長,および体重を測定した.

### 2・3 解析方法

1) データ処理

計量魚探機で得られた音響信号は,積分層を水平方向5 m,深度方向1 mに設定し体積後方散乱強度Sv値を求めた.一方,スキャニングソナーは図5・3に示すように半円状のソナービームを船の進行方向と直角に下方向に向けて使

用することにより，船の針路に直角な垂直断面映像が得られる．これを船の進行に伴って連続的に観測することにより，魚群の三次元構造に関する情報を把握することができる．今回の解析では，ビデオに収録されたソナー断面画像を，ビデオキャプチャーボードでパソコンに取り込み，この画像をグレイカラー化することにより0～255の範囲で数値化し，閾値を設定して魚群だけを抽出した．さらに魚群規模は画像処理ソフト（Cosmos32）を用いて，その断面積を求めた．

次に，船の左右方向に関する魚群情報を電子海図上に三次元表示するため，魚群位置（自船から魚群までの水平距離），深度，魚群断面積を求め，GISソフトArcGIS（ESRI社）を用いてデータベース化した．これら一連の作業フローを図5・3に示す．

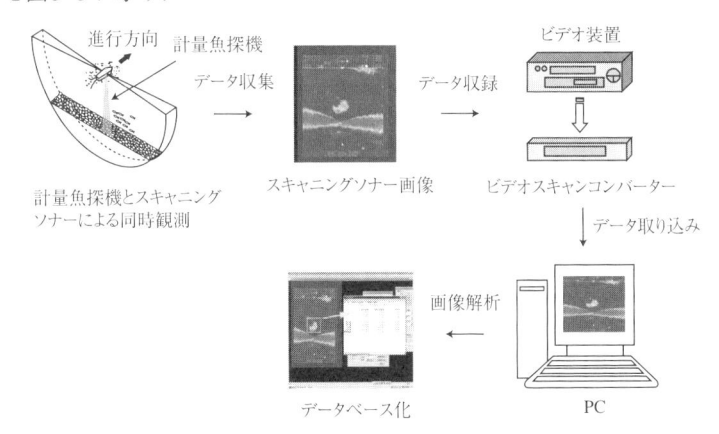

図5・3 スキャニング画像の解析とデータベース化

### 2）魚群量推定

計量魚探機とスキャニングソナーを用いた魚群量推定法の解析手順について述べる．

まず，最初に魚群密度を推定するための前段階として，スケールファクターとしてのターゲットストレングスを求める必要がある．ここではFoote[11]の式を用いた．

$$Ts = 20\ log\ TL + A \tag{5・1}$$

ここで，Ts：ターゲットストレングス（dB）

TL：全長（cm）

A ：定数，閉鰾魚では－67.4 dB，開鰾魚では－71.9 dB

である．

次に，魚群密度 $\rho_{ij}$（g/m³）は次式で表される．

$$\rho_{ij} = (sv_{ij}/\sigma_{bs}) \times BW \tag{5・2}$$

ここで， $\rho_{ij}$：i番目の積分周期におけるj番目の層の単位体積当たりの魚群密度

BW：全長－体重の関係から求めた体重

$sv_{ij}$：i番目の積分周期におけるj番目の層の体積散乱係数

$\sigma_{bs}$：後方散乱断面積

である．さらに，$sv_{ij}$ と $\sigma_{bs}$ は次のように定義づけられる．

$$sv_{i,j} = 10^{\frac{Sv_{ij}}{10}}$$

$$\sigma_{bs} = 10^{\frac{Ts}{10}}$$

したがって，平均重量密度 $\overline{\rho}$ は次式で表される．

$$\overline{\rho} = \frac{1}{k} \sum_{i=1}^{n}, \sum_{j=1}^{m} \rho_{ij} \tag{5・3}$$

ここで， k：魚群セルのデータ数

n, m：積分周期数と積分層の数

である．

最後に，この魚群の平均重量密度 $\overline{\rho}$ にソナーの幾何情報から求められた魚群体積Vを乗じることにより，式（5・4）により魚群の現存量が推定される．

$$Q = \overline{\rho} \times V \tag{5・4}$$

### 2・4 結 果

#### 1) 魚礁周辺に蝟集する魚群密度の推定

魚種判別のために一本釣り漁船による釣獲試験を行った結果，マアジ（*Trachurus japonicus*）41尾が漁獲された．この漁獲されたマアジの平均全長，平均体重はそれぞれ11.9 cm，15.5 gであった．ここで得られた全長をFoote[11]の関係式に代入し，1尾当たりのTsを求め，このTsを頻度分布とし

て図5・4（a）に表した．この結果，1尾当たりのターゲットストレングスTsは−45.9 dBと推定された．また，図5・4（b）に示す全長−体重の関係式を用いてマアジ1尾当たりの平均重量15.5 gが得られた．次に，計量魚探機で得られた魚群内の平均Svを平均Tsで除して，単位体積当たりの魚群密度を求め，マアジ1尾当たりの平均重量を乗ずることにより魚群の単位体積当たりの平均分布密度を算出した．

この結果，魚礁に蝟集する魚群をすべてマアジと仮定した場合，各魚礁に蝟集する魚群の単位体積当たりの平均分布密度は表5・2に示す通り，（a）1.55 g/m$^3$，（b）6.43 g/m$^3$，（c）5.24 g/m$^3$と推定された．

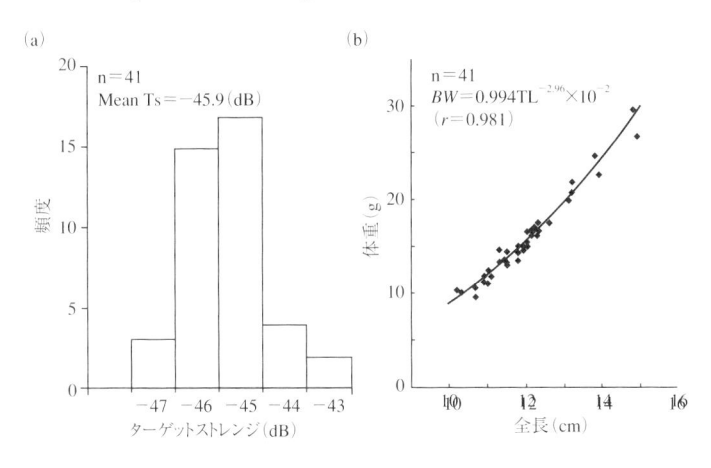

図5・4 釣獲試験による体長分布から推定したマアジのターゲットストレングスの頻度分布（a），と全長と体重との関係（b）

表5・2 魚群の規模と量の推定

| | 魚群規模（m）<br>高さ×幅×長さ | 体積<br>×10$^3$（m$^3$） | 密度<br>（g/m$^3$） | 推定量<br>（t） |
|---|---|---|---|---|
| (a) | 31×90×120 | 35.2 | 1.55 | 0.05 |
| (b) | 46×109×47 | 66.2 | 6.43 | 0.43 |
| (c) | 48×109×75 | 72.8 | 5.24 | 0.38 |

## 2）魚礁周辺に蝟集する魚群の規模と量の推定

本研究で用いた三次元画像解析による魚群規模の推定法は，スキャニングソナーで得られた断層画像を三次元画像ソフト（Slicer）を用いて，針路方向

(調査定線方向)に重ね合わせることにより,立体画像化する方法である.ここで得られるVoxcelはGPSから求めた船の移動速度より実体積に変換される.すなわち,三次元画像の単位体積としてのVoxcelに,X軸(左右方向),Y軸(針路方向),Z軸(深度方向)における実距離を乗じて,実際のVoxcelの大きさが求められる.さらに,この体積にVoxcel数を乗ずることにより魚群体積が得られる.このようにして求められた魚礁に蝟集する魚群の三次元画像の一例を図5・5に示す.また,同時に計測した計量魚探機の映像を併記して示した.この結果,各魚礁に蝟集していた魚群の魚群規模(高さ×長さ×幅:m)および,魚群体積($m^3$)は,それぞれ(a)31×90×120 m,35.2×10$^3$ $m^3$,(b)46×109×47 m,66.2×10$^3$ $m^3$,(c)48×109×75 m,72.8×10$^3$ $m^3$であった.

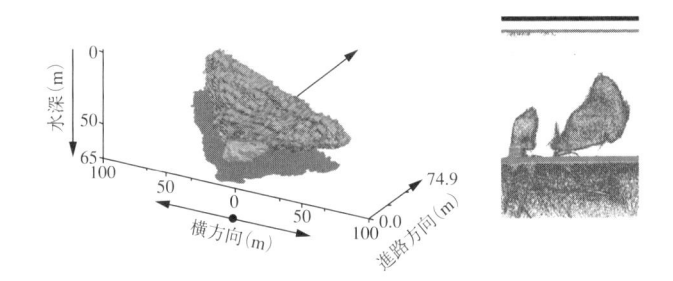

図5・5 魚礁に蝟集する魚群の3次元画像と同時観測の魚探画像
(図5・2の魚礁(c)に蝟集していた魚群)

そこで,上記で得られた魚群密度と魚群体積を式(5・4)に代入することにより,魚群の現存量を求めた.この結果,2001年7月に実施された山口県奈古沖の魚礁およびその他の魚礁に蝟集していたアジ魚群の量は表5・2に示す通り(a)0.055 t,(b)0.43 t,(c)0.38 tと推定された.

3) GIS[12]を応用したソナー情報

GISのデータベースに格納した魚群位置(船からの水平距離),深度,魚群断面積などの魚群情報を用いて,魚群の水平分布を二次元画像として図5・6に表示した.この結果,従来の垂直魚探機だけでは見落とされていた調査定線間に分布する魚群および魚群規模を明かにすることができた.すなわち,山口県奈古沖の調査例では高層魚礁や魚礁設置周辺および天然礁周辺に多くの魚群が

分布していることや，天然礁の二島グリ周辺では断面積500 m$^2$以上の大きさの魚群が分布していることが示された．さらに，GISの3D機能を用いて三次元海底地形図に魚群断面積の空間分布を図5・7（口絵）に表示した．この結果，二島グリと呼ばれる天然礁，さらに高層魚礁や設置魚礁などの海底形状と魚群分布との関係を立体的に把握することが可能となった．

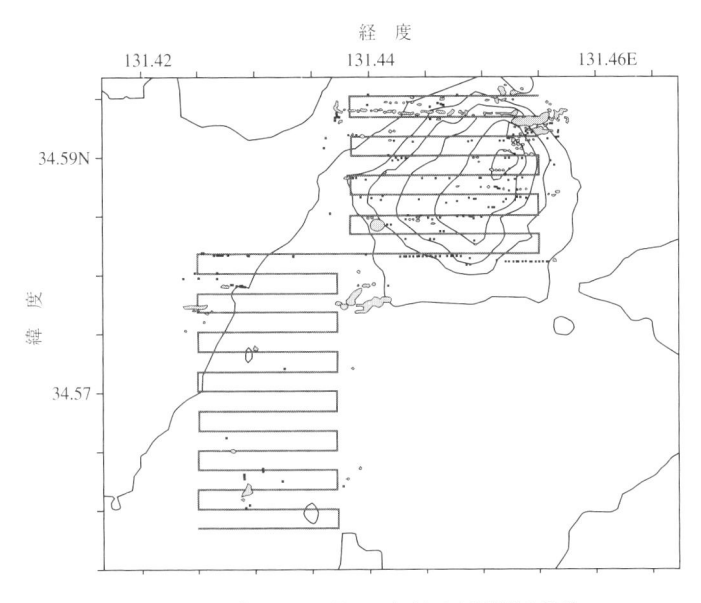

図5・6　コンピュータ上の海図に表示した魚群規模と位置

### 4）考　察

魚群分布の三次元化技術は沿岸域の資源管理や魚群の分布特性を知る上で極めて重要な技術である．本研究では，沿岸域の魚礁漁場を調査対象域として計量魚探機とスキャニングソナーとを組み合わせた半定量的な魚群量推定法を用いた．しかし，この方法には技術的に改善しなければならない点や限界もある．今後，精度の高い計測をするためには，以下のような問題点を検討する必要がある．

まず第1に，本研究で得られた三次元画像はビーム幅による画像拡大効果を含んでいるため，深度が深くなるに従って，また船からの距離が離れるに従って魚群断面積は拡大される[13]．今回の解析ではこの画像拡大効果に対する補正

を行っていないので，魚群体積が過大評価されたと考えられる[14]．この画像拡大効果については魚群体積の推定精度に大きく関わるので，ソナーの性能向上と合せて，ソフトウエアによる補正法の検討が今後の重要な課題と考えられた．

次に，魚群密度の違いの問題である．Gerlottoら[15]は船の接近によって魚群が攪乱された状態とそうでない場合の魚群分布密度の違いを指摘している．この問題に対して，飯田ら[5]は浅海域に分布する魚群は，船から逃避する可能性があると指摘しており，このことから浅海域における浮魚類の調査では魚群分布の偏りを考慮した調査方法の検討が重要である．

第3の問題としてビームが走査する間，船が移動するために起こる「探査もれ」の問題である．特に，セクタースキャニングソナーでは，送受波器は機械的に走査されるため1フレームの断面画像を得るために12秒かかる．したがってこの「探査もれ」の影響は船速が増すに従って増大する．但し，今回の3.0～3.5ノットではその影響がほとんどないと考えられた[8]．

最後に，調査船と魚群との相対運動に伴う計測誤差の問題である[16]．これは調査船と同じ方向に魚群が遊泳している場合には，探知される実際の魚群規模はより大きく観測される．一方，逆方向に遊泳している魚群の場合には，実際の魚群規模より小さく観測される．これは調査船の騒音に伴う魚群の逃避行動とも密接な関係があるため今後とも検討する必要がある．

以上，計量魚探機とスキャニングソナーを組み合わせた音響調査法を紹介するとともに，ソナーによる魚群情報とGIS技術を応用した解析結果を述べた．これらの結果，魚礁漁場全体に広く分布する魚群を見落としなく探査するとともに，魚礁近傍や周辺域に分布する魚群の分布特性を三次元空間に表示し，半定量的ではあるが魚群量を推定する手法を提示することができた．まだ解決すべき点は多く残されているが，ここに示した解析手法は漁業者だけでなく，資源管理の観点からも広く利用できることから，今後の地域の漁場開発や漁場造成のための情報として有効に利用できると思われる．

## §3. 今後の課題

最近の電子機器やコンピュータ技術の目覚しい発展により，マルチビームソナーが開発され，従来困難であった海中空間の三次元画像化技術や空間情報の

計量化技術がわれわれの手の届くところまでやってきた．また，沿岸域における調査では，スキャニングソナー以外にも海底地形を三次元表示できるクロスファンビームソナーや，サイドスキャニングソナー，さらに高精度定点ソナーなどが利用されている．しかし，このように高度化された機器が扱えるのはごく一部の大学，研究機関に限られている．したがって，沿岸域に分布する漁業資源の現場測定とモニタリングのための計測には市販の漁業用ソナーを有効に活用することが今後とも重要であると思われる．現在の計量ソナーの開発が，市販の漁業用ソナーの性能向上につながり，さらに沿岸域における海中探査・水中リモートセンシング技術として発展することが期待される．

## 文　献

1) V.G. Azhazha and E.V. Shishkova : Fish location by hydroacoustics devices, Israel Program for Scientific Translations Ltd., 1967, pp.95-103.

2) R. B. Mitson：ソナー（濱野　明・前田弘訳），恒星社恒星閣，1994, pp.148-218.

3) 鉛　進：漁船漁業に果たすソナーの発展と役割，平成16年度水産工学関係試験研究推進特別部会水産調査計測分科会講演集, 7-15（2006）．

4) 古澤昌彦：水中音響利用の新技術－プランクトン計測を中心として－, 月刊海洋, 28, 339-49（1994）．

5) 飯田浩二・向井　徹・堀内則孝：スキャニングソナーを用いた表中層魚群の三次元分布と形状の解析, 海洋音響学会誌, 25, 240-249（1998）．

6) A. Hamano, T. Nakamura, and H. Maeda : Improvement in school-size estimates of pelagic fish using information from sector scanning sonar, Fish. Oceanogr., 11, 361-365（2002）．

7) A. Hamano, T. Nakamura, and K. Mizuguchi : Quantitative assessment of small pelagic fish school on a three dimensional analysis using a scanning sonar and echo-sounder, Proceeding of the international symposium on advanced techniques of sampling gear and acoustical surveys for estimation of fish abundance and behavior, Acoustgear-2000, 113-119（2001）．

8) H. Maeda, T. Nakamura, and A. Hamano: Geometric approach to non-scanned area for combined use of sector scanning sonar with quantitative echo-sounder, Fish. Sci., 68, Supplement II, 1889-1892（2002）．

9) A. Hamano and T. Nakamura : Combined use of quantitative echo-sounder with scanning sonar to visualize semi-qunatitative three-dimensional image of fish-schools, J Nat.Fish.Univ., 50, 1-11（2001）．

10) A. Hamano, Y. Umetani, H. Tanoue, and T. Nakamura : Application of Marine GIS using information from sonar for coastal fisheries, Ocean'04 MTS/IEEE Techno-Ocean'04, 428-432（2004）．

11) K. G. Foote : Fish target strength for use in echo integrator surveys, J. Acoust. Soc. Am., 82, 981-987（1987）．

12) P.A. Burrough: Principles of geographical

information systems for land resources assessment, Oxford University Press, 1986, 194 pp.

13) O.A. Misund, A. Aglen, and E.Fronaes : Mapping the shape, size and density of fish schools by echo integration and high-resolution sonar, *ICES Mar.Sci.*, 52, 11-20 (1995).

14) P. E. Smith : The horizontal dimensions and abundance of fish schools in the upper mixed layer as measured by sonar, Proceedings of an international symposium on biological sound scattering in the ocean (ed. by G.B.Farquhar), Department of Navy, 1970, pp.563-591.

15) F. Gellotto, M. Soria, and P. Freon: From two dimensions to three : the use of multibeam sonar for new approach in fisheries acoustics, *Can. J. Fish. Aquat. Sci.*, 56, 6-12 (1999).

16) P. Freon, F. Gellotto, and O.A. Misund : Consequences of fish behavior for fish behavior for stock assessment, *ICES Mar.Sci.Symp.* 196, 190-195 (1993).

## 6. ノルウェーにおけるスキャニングソナーを用いた表層魚類の資源調査の実際

Olav Rune Godø[*1]（飯田浩二[*2] 訳）

　科学調査におけるスキャニングソナーの使用はまだ限られているものの，漁業においては広範に利用されている．科学調査における制約は，ソナーのキャリブレーションの難しさと音響ビーム内にいる魚の姿勢変化による音響特性の変動により，信頼できる魚群内密度の定量化が困難であることに起因する．

　しかしながら，魚群探知機に比べて，ソナーは表層に分布する魚群の探知を容易にし，魚群の出現や行動特性をモニターすることができる優れたシステムである．そのため，ノルウェーでは直接的な資源量調査法としてソナーを利用した資源調査法を確立するための，数多くの試みがなされてきた．

　ノルウェー海洋研究所（IMR）は1930年代に水産研究のためのツールとして音響技術を取り入れている．Sund（1935）は魚群探知機を用いてロフォーテン海域におけるマダラ産卵群の分布を初めて記録した．第2次世界大戦以降，水平ソナーが大西洋ニシンの分布と移動を調べるために広く使用されるようになった．ソナー調査はアイスランド海およびノルウェー海におけるニシンの分布と移動をマッピングするために定期的に行われるようになった[1, 2]．これは漁業者の魚群探索にも新たな局面を与えた．1960年代末には漁獲技術の発達により，研究者が予想していなかった，ノルウェー海のニシン（*Clupea harengus* L., NSSH）の春季産卵群資源の大規模な減少を引き起こすことになった[3]．それ以降，1980年代後半から1990年代に入るまで，ソナーはノルウェーの水産研究ではあまり使われなくなった．

　その後，21世紀に入ってすぐ，IMRはソナー研究を強化するようになった．最初は魚群の移動，分布，行動研究にその利用が集中していたが，現在は直接的な資源量推定のための優れたツールとして，多くの努力を払うようになった．

[*1] Institute of Marine Research, Norway
[*2] 北海道大学大学院水産科学研究院

本稿ではノルウェーの海洋漁業調査におけるソナー利用の歴史的経緯，および現状について要約し，特に計量ソナーの開発に関係したいくつかの挑戦的試みを紹介する．ノルウェーの研究に焦点を合わせているため，引用文献のほとんどがノルウェーにおける研究に基づくものである．

## §1. 調査機器

漁業用ソナーはIMRの文献に多数登場する．SIMRAD社の低周波ソナー（SP70-SP90，20～30 kHz）と中周波数ソナーSH80がほとんどである．

多くの研究はソナーの利便性と漁業者の優秀な専門技術を活かすために，漁船を用いて実施されている．また，企業と研究所の共同研究は漁船と調査船を統合したユニークな漁業／調査船LIBAS号を実現させた．LIBAS号は5周波数の魚群探知機用トランスデューサとソナー用トランスデューサ（SH80, 図6・1）を取り付けた音響キールを有する最初の漁船である．トランスデューサを水面下10 mに取り付けたことにより，表層の気泡層下での観測が可能になった．また，専用キールの装備により，まき網の投網中にも網内の魚群を鮮明に捉えることができるようになった．一方，軍事用に開発されたSIMRADのソナーSA950（95 kHz）はIMRの調査船にも装備された[4,5,6]．また，Reson社のSeabat高周波ソナーも装備され，魚類一般の行動研究やクジラと海鳥の

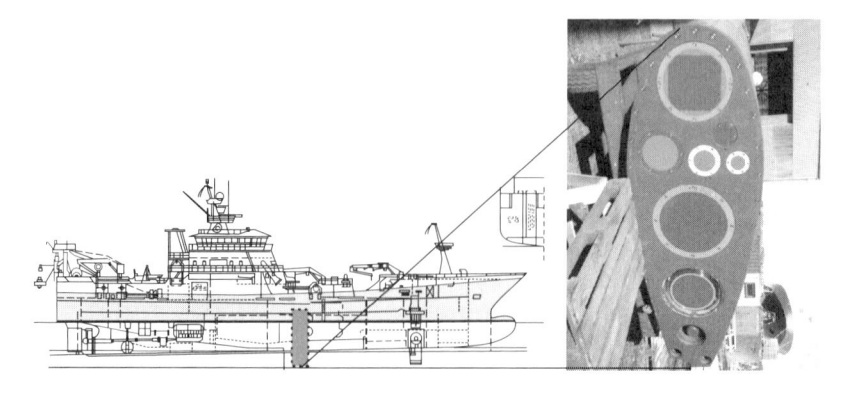

図6・1 漁業／調査船LIBAS号の音響機器用ドロップキール
ドロップキールの底にはSimrad/SH80ソナーのトランスデューサが，5周波数の計量魚群探知機のトランスデューサと75 kHのADCP（音響ドップラー流向流速計）のトランスデューサとともに取付けられている．

餌生物の行動研究に使用され,詳細な行動が明らかにされた[7].IMR において,ソナーの応用研究に見られる最近の最も重要な進歩は,ソナーから科学的なデータを出力することにより,データの有用性が飛躍的に向上したことである.これはソナーデータの定量化と可視化を可能にした(図6・2).最近,IMR の要請に応えて,SIMRAD 社は合計500本のビームをもつマルチビームソナーMS70 を開発した(図6・3).このソナーは周波数75～112 KHz で動作し,極めて優れた性能を有するもので,海面近くに分布する表層魚種の観察のために特別に設計された[8].

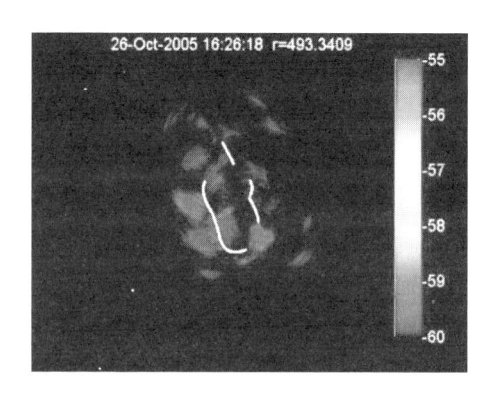

図6・2 探索中のSH80 ソナー画像
魚群は記録データから描画した.この機能は魚群計数調査のために特に有効である.(Ruben Patel〈IMR〉提供)

図6・3 500本のビームを有する横向きマルチビームソナー(MS70)で捉えたニシン魚群の3次元画像[8]

## §2. ソナー応用研究の現状

水平ソナーの最初の応用はNSSH（ノルウェー春産卵ニシン）の分布と移動に関する研究である[1]．この研究の初期段階において，魚群の分布・移動の観測と同時に海洋物理環境の観測が常に行なわれてきた（図6・4）．特に，最近の10年間は，これらに関する研究が多数行なわれてきた[4-6, 9-15]．ソナーを用いたほとんどの研究はNSSHと大西洋サバに関するものである．1つの例は図6・5に示す夏季索餌回遊中のサバ魚群の移動速度と移動方向の研究である[15]．これらの研究は，魚群の分布と移動を理解し，モデル化するために重要である．これはまた，漁業管理，例えば，排他的経済水域の資源の分布や生態系研究に極めて重要な情報をもたらす．

水平ソナーは魚群の行動特性を研究するための最も適したツールである[16-18]．この魚群行動の研究とは，魚の成群行動，例えば，海洋の物理的環境や外部刺激，漁船や調査船の動きに対する行動，および捕食−被食相互作用などに

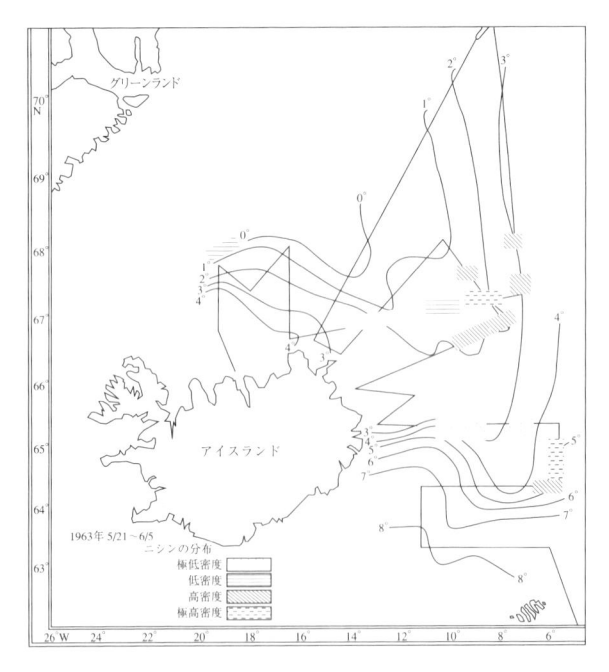

図6・4　アイスランド海におけるノルウェー春産卵ニシンの分布
ソナーおよび魚群探知機の記録と水温分布を比較[2]

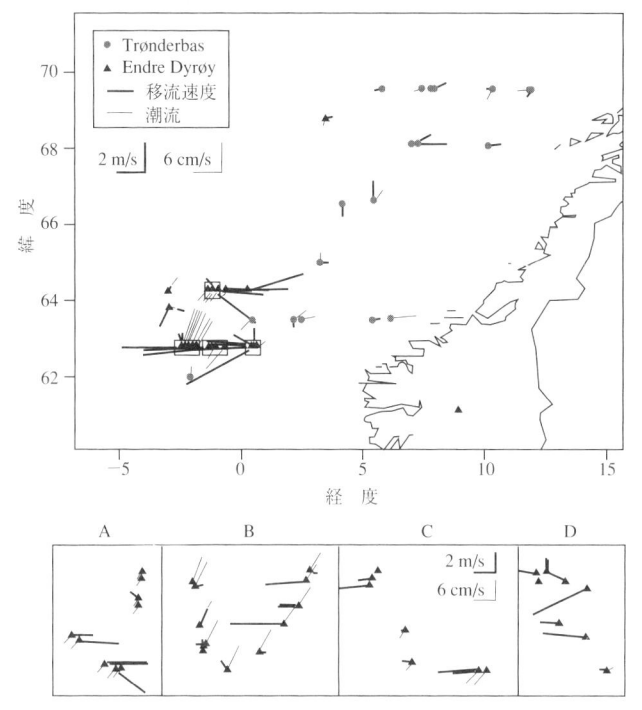

図6・5 魚群の位置，移動方向および速度と潮流の関係
線の方向は魚群の移動方向，長さは速度を示す．上図の海域A，B，C，Dにおける詳細を下図に示す．

関する成群機構の研究を含んでいる．行動学的研究には，海流と魚群の移動方向の関係に関する研究[15]，生物学的要求に基づく成群機構に関する研究[19, 20]，種間の相互作用に関する研究[7, 21-23]，あるいは魚群の移動を記録するための研究[9]などがある．

図6・6（口絵）はヒゲクジラに攻撃されているニシン魚群のソナー画像を，Axelsen et al.[7] や Nøttestad, Axelsen[23] による記述に基づいて示したものである．また，漁船と調査船に対する魚群の反応と行動特性がいくつかの論文で議論されている[15, 24-27]．計量ソナーによる魚群行動の的確なモデリングは，将来さらに重要になってこよう[28]．

漁業から独立した資源量調査法として，ソナーは3つの方法で利用されている．第1は魚群計数法で，魚群量と分布を概観する最も簡単な方法である[11]．

この研究において，計量魚群探知機による一般的な音響資源調査法では難しいとされる，表層分布魚群の相対量を把握するためにソナーが使われる．第2の方法はMisund and Beltestad [6] によって定義された「比較法」といわれるもので，ソナーによって推定された魚群のサイズと，まき網やトロールなどの操業に対応する漁獲データから推定した魚群量を比較するものである．第3の方法は図6・7に示すように，計量魚群探知機を用いて測定した魚群の密度とソナーで観測した魚群のサイズを比較するものである [10, 29, 31]．

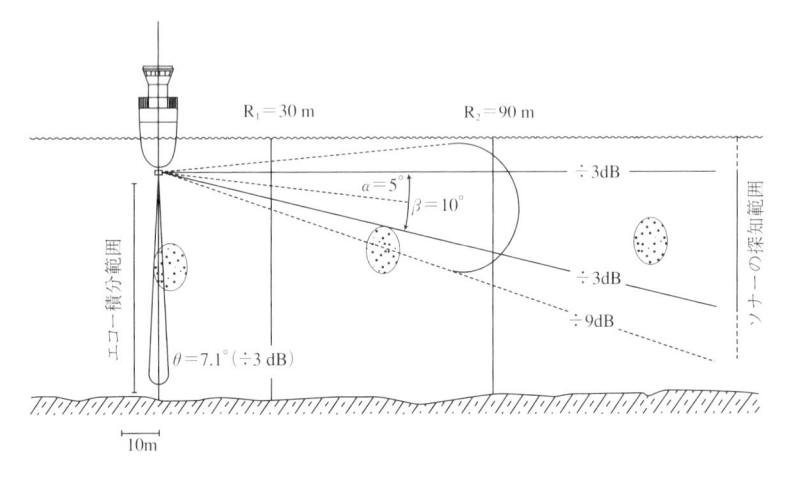

図6・7 計量魚探によるエコー積分とソナー記録の比較
ソナーで記録した魚群の大きさをエコー積分値と比較することにより，エコー積分の信頼性が増す（Misund〈IMR〉提供）．

初期の研究ではソナー方式の検討とともに，ソナーを用いた魚群行動や種間相互作用の解析などの限定された研究に重点があった．しかし最近では，漁船と漁業用ソナーを利用した漁業資源のモニタリング調査がルーチン的に行なわれている．これらの調査は，低周波ソナーのSP70と中周波ソナーのSH80，および較正された計量魚群探知機を併用して実施されている．通常，無鰾魚である大西洋サバと有鰾魚との分離には，2周波数かそれ以上の周波数が使われる．物理環境条件にもよるが，低周波ソナーを使用することにより，半径1,500ないし2,000 mまでのレンジで魚群を計数したり，マッピングすることが可能である．中周波ソナーを使えば500 mのレンジでは同じ魚群を計数でき

るのはもちろんのこと，魚群の高さ，幅，体積，移動速度，移動方向などの魚群性状を調べることができる（図6・8，口絵）．この研究では，魚群量を見積もる漁業者の専門性が極めて重要となる．

最後に計量魚群探知機を用いた資源調査データの解釈には特別な注意を払う必要がある．ソナーデータは，計量魚群探知機では記録されない表層分布魚群の密度推定法を確立するために使われる．ソナーデータに基づく魚群量推定法の確立のためのモデルは，現在，開発段階にあるが，それらはソナーの記録と計量魚群探知機によるエコー積分との関係が基本となる．

## §3. ノルウェーにおけるソナーを用いた資源調査の試み

ノルウェーにおけるソナーを利用した資源調査に関する取り組みを表6・1に示す．最初の課題は，筆者らが実施した，漁業用ソナーを用いた半定量的な調査と調査戦略の開発である．この研究の主な目的は，魚群計数，魚群規模の推定，そして資源量，移動方向，移動速度を定量化することである．この研究ではデータ収集の手続きを特別に標準化し，魚群行動特性を推定するモデルの開発と資源量の推定を行なっている．漁船が搭載している漁業用ソナーから得られるデータは，時に大きな可能性を秘めている．

ソナーのデータは科学者の乗船の有無に関わらず，高速衛星通信回線を用いて1年中収集することができ，現在ノルウェー海域を航行する多数の船舶に搭

表6・1 ソナーを用いた資源調査の例

| 魚　種 | 対象資源 | 成長段階 | 応用と可能性 |
|---|---|---|---|
| ニシン | NSSS* | 索餌 | 魚群計数，資源量，魚群行動 |
| ニシン | NSSS | 越冬 | 資源量，魚群行動 |
| カラフトシシャモ | バレンツ海 | 産卵 | 魚群計数，資源量 |
| 大西洋サバ | 西部 | 索餌 | 魚群計数，資源量，魚群行動 |
| ニシン | NSSS | 養育 | 期待できる |
| タラ類　ニシン | バレンツ海 | 0歳（表層分布） | 期待できる |
| カラフトシシャモ | バレンツ海 | 索餌 | 期待できる |
| ニシン | 北海 | 索餌 | 可能性あり |
| ニシン | フィヨルド | 養育 | 可能性あり |

＊ ノルウェー春産卵ニシン（Norwegian Spring Spawning Herring）

載されつつある．このシステムは図6・1に示すトロール・まき網漁船兼調査船のLIBAS号に初めて搭載された．遠隔データの収集はより広範囲の多様な情報を提供する．しかしながら，収集データの整合と信頼性を保障するためには，データの品質を管理するルーチンの開発が必要である．特に低周波ソナーを用いるときには，海底の多重反射に特別の注意を要する．

また，ソナーのビーム幅は魚への音波の入射角と音響ターゲットストレングス（TS）に関係する．漁業用ソナーの利用と遠隔データ収集の技術は，ソナーと計量魚探，およびまき網の漁獲データの同時収集において特に重要である．ソナーを利用した資源調査は，漁船に支持されており，現在ノルウェー海域におけるニシンとサバ資源のモニタリングに欠くことのできないものとなっている．

2番目の課題は資源量調査のためのマルチビームソナーの開発である．フランスの海洋研究所（IFREMER）とSIMRAD社の共同プロジェクトにおいて，魚群の3次元計測を可能にする，500本のビームをもつ新型ソナーが開発された．新型ソナーは魚群の定量化を可能にし，図6・3に示すように，表層に分布する魚群の形状や動き，魚群量を推定するための主要なツールとなることが期待されている．

3番目の課題はソナーのキャリブレーション手法の開発である．マルチビームソナーのキャリブレーションは複雑で特別な注意が必要である[32, 33]．これは漁業用ソナーとマルチビームソナーの両方に必要なルーチン作業である[8]．このようなルーチン作業は計量ソナーを利用した資源調査手法の開発に極めて重要である．この課題ではマルチビームソナーの3つの周波数に対応して，安定した特性を示す較正球が考案され，標準的なソナーのキャリブレーションに使われるようになった．

4番目の課題はソナービーム内において想定される，あらゆる方向からの魚のターゲットストレングスの変動特性を理解し，評価するための研究である．魚の音響ターゲットストレングスの変動は魚群探知機の研究においてよく知られている．計量魚群探知機による魚の背中方向への入射ばかりでなく，横向き魚群探知機における多方向からの入射に対するターゲットストレングスの研究が過去になされている[34]．しかしながら，ターゲットストレングスに関するよ

り実質的な研究，例えば魚群の移動方向で変動する魚群の音響散乱強度や実験水槽における魚の様々な姿勢に対するターゲットストレングスの変化に関する研究が期待される．

## 文　献

1) Devold : Sildeundersøkelser vinteren 1963/1964, *Fisken og Havet*, 6, 1-5 (1964).
2) O.J. Østvedt: The migration of norwegian herring to Icelandic waters and the environmental conditions in May-June, 1961-1964, *Fiskeridirektoratets Skrifter Serie Havundersøkelser*, 13, 29-47 (1965).
3) R. Toresen and O.J. Ostvedt: Variation in abundance of Norwegian spring-spawning herring ( Clupea harengus, Clupeidae) throughout the 20th century and the influence of climatic fluctuations, *Fish and Fisheries*, 1, 231-256 (2000).
4) E. K. Haugland and O. A. Misund : Evidence for a Clustered Spatial Distribution of Clupeid Fish Schools in the Norwegian Sea and Off the Coast of Southwest Africa, *ICES Journal of Marine Science*, 61, 1088-1092 (2004).
5) O.A. Misund, A. Aglen, J. Hamre, E. Ona, I. Rottingen, D. Skagen, and J.W. Valdemarsen : Improved Mapping of Schooling Fish Near the Surface: Comparison of Abundance Estimates Obtained by Sonar and Echo Integration, *ICES Journal of Marine Science*, 53, 383-388 (1996).
6) O.A. Misund and A.K. Beltestad: Target-Strength Estimates of Schooling Herring and Mackerel Using the Comparison Method, *ICES Journal of Marine Science*, 53, 281-284 (1996).
7) B.E.Axelsen, T.Anker-Nilssen, P.Fossum, C. Kvamme, and L. Nøttestad: Pretty patterns but a simple strategy: predator-prey interactions between juvenile herring and Atlantic puffins observed with multibeam sonar, *Canadian Journal of Zoology*, 79, 1586-1596 (2001).
8) E. Ona, J. Dalen, H. P. Knudsen, R. Patel, LN. Andersen, And S. Berg: First data from sea trials with the new MS70 multibeam sonar, *J. Acoust. Soc. Am.*, 120, 3017 (2006).
9) M.T. Hafsteinsson and O.A. Misund: Recording the Migration Behavior of Fish Schools by Multibeam Sonar During Conventional Acoustic Surveys, *ICES Journal of Marine Science*, 52, 915-924 (1995).
10) O. A. Misund, A. Ferno, T. Pitcher, and B. Totland: Tracking Herring Schools with a High Resolution Sonar. Variations in Horizontal Area and Relative Echo Intensity, *ICES Journal of Marine Science*, 55, 58-66 (1998).
11) O.A. Misund and S.H. Jakopsstovu: An Intership School-Counting Experiment Using Sonar in the Norwegian Sea, *Sarsia*, 82, 153-157 (1997).
12) O.A. Misund, W. Melle, and A. Ferno: Migration Behaviour of Norwegian Spring Spawning Herring When Entering the Cold Front in the Norwegian Sea, *Sarsia*, 82, 107-112 (1997).
13) O. A. Misund, J. T. Ovredal, and M. T. Hafsteinsson : Reactions of Hewing Schools to the Sound Field of a Survey

Vessel, *Aquatic Living Resources*, 9, 5-11 (1996).

14) C. Kvamme, L. Nottestad, A. Ferno, O. A. Misund, A. Dommasnes, B.E. Axelsen, P. Dalpadado, and W. Melle : Migration Patterns in Norwegian Spring-Spawning Herring: Why Young Fish Swim Away From the Wintering Area in Late Summer, *Marine Ecology-Progress Series*, 247, 197-210 (2003).

15) O. R. Godo, V. Hjellvik, S. A. Iversen, A. Slotte, E. Tenningen, and T. Torkelsen: Behaviour of Mackerel Schools During Summer Feeding Migration in the Norwegian Sea, as Observed From Fishing Vessel Sonars, *ICES Journal of Marine Science*, 61, 1093-1099 (2004).

16) O. A. Misund : In situ fish school studies enabled by multi-beam sonar, *The Journal of the Acoustical Society of America*, 114, 2299-2300 (2003).

17) T. J. Pitcher, O.A. Misund, A. Ferno, B. Totland, and V. Melle: Adaptive Behaviour of Herring Schools in the Norwegian Sea as Revealed by High-Resolution Sonar, *ICES Journal of Marine Science*, 53, 449-452 (1996).

18) L. Nottestad, M. Aksland, A. Beltestad, A. Ferno, A. Johannessen, and O.A. Misund : Schooling Dynamics of Norwegian Spring Spawning Herring ( Clupea Harengus L) in a Coastal Spawning Area, *Sarsia*, 80, 277-284 (1996).

19) A. Ferno, T.J. Pitcher, W. Melle, L. Nottestad, S.Mackinson, C. Hollingworth, and O.A. Misund: The Challenge of the Herring in the Norwegian Sea: Making Optimal Collective Spatial Decisions, *Sarsia*, 83, 149-167. Notes: Special Issue: Sp. Iss. Si (1998).

20) G. Skaret, L. Nottestad, A. Ferno, A. Johannessen, and B. E. Axelsen: Spawning of Herring: Day or Night, Today or Tomorrow?, *Aquatic Living Resources*, 16, 299-306 (2003).

21) S. Mackinson, L. Nottestad, S. Guenette, T. Pitcher, O.A. Misund, and A. Ferno: Cross-Scale Observations on Distribution and Behavioural Dynamics of Ocean Feeding Norwegian Spring-Spawning Herring ( Clupea Harengus L.) , *ICES Journal of Marine Science*, 56, 613-626 (1999).

22) L. Nottestad, A. Ferno, S. Mackinson, T. Pitcher, and O.A. Misund : How Whales Influence Herring School Dynamics in a Cold-Front Area of the Norwegian Sea, *ICES Journal of Marine Science*, 59, 393-400 (2002).

23) L. Nottestad, and B.E. Axelsen: Herring Schooling Manoeuvres in Response to Killer Whale Attacks, *Canadian Journal of Zoology-Revue Canadienne De Zoologie*, 77, 1540-1546 (1999).

24) O. A. Misund : Sonar observations of schooling mackerel during purse seining. *ICES C.M. B*, 27, 1-10. 88 (1988).

25) O. A. Misund : Predictable Swimming Behavior of Schools in Purse Seine Capture Situations, *Fisheries Research* 14, 319-328 (1992).

26) O. A. Misund : Avoidance-Behavior of Herring (Clupea-Harengus) and Mackerel ( Scomber-Scombrus) in Purse Seine Capture Situations, *Fisheries Research*, 16, 179-194 (1993).

27) M. Soria, P. Fréon, and F. Gerlotto: Analysis of vessel influence on spatial behaviour of fish schools using a multi-beam sonar and consequences for biomass estimates by echo-sounder, *ICES Journal of Marine Science*, 53, 453-458 (1996).

28) R. Vabo and L. Nottestad : An Individual

Based Model of Fish School Reactions: Predicting Antipredator Behaviour as Observed in Nature, *Fisheries Oceanography*, 6, 155-171 (1997).
29) O. A. Misund, A. Aglen, and E. Fronaes: Mapping the Shape, Size, and Density of Fish Schools by Echo Integration and a High-Resolution Sonar, *ICES Journal of Marine Science*, 52, 11-20 (1995).
30) O.A. Misund and J. Coetzee : Recording Fish Schools by Multi-Beam Sonar: Potential for Validating and Supplementing Echo Integration Recordings of Schooling Fish, *Fisheries Research*, 47, 149-159 (2000).
31) O. A. Misund, A. Aglen, A. K. Beltestad, and J. Dalen : Relationships Between the Geometric Dimensions and Biomass of Schools, *ICES Journal of Marine Science*, 49, 305-315 (1992).
32) K. G. Foote : Summary of Methods for Determining Fish Target Strength at Ultrasonic Frequencies, *ICES Journal of Marine Science*, 48, 211-217 (1991).
33) K. G. Foote, D.Z. Chu, T. R Hammar, K. C. Baldwin, L. A. Mayer, L. C. Hufnagle, and J. M. Jech : Protocols for calibrating multibeam sonar, *The Journal of the Acoustical Society of America*, 117, 2013-2027 (2005).
34) O. Nakken and K. Olsen : Target strength measurements of fish, *Rapports et Procés-Verbaux des Réunions Conseil International pour l'Exploration de la Mer*, 170, 52-69 (1977).

# 7. ソナーを用いたミナミマグロの加入量モニタリング調査

伊 藤 智 幸 *

　高級刺身商材であるミナミマグロ *Thunnus maccoyii* の資源状況は漁業者の関心事である．本種の管理委員会，みなみまぐろ保存委員会（CCSBT）の加盟メンバーである日本，オーストラリア，ニュージーランド，韓国，台湾のほか，インドネシアもまとまった量を漁獲している．

　CCSBT ならびにその前身である日豪ニュージーランド3国みなみまぐろ会議は，本種の資源評価を長年にわたって日本延縄船の釣獲率データに強く依存してきた．しかし延縄の漁獲対象は4歳魚からであるため，若齢魚の資源の状況がわからない．成熟まで8～12歳，最長40歳以上まで生きる本種[1]においては，加入状況を見誤り漁業管理に失敗すれば，その影響を数十年間に渡って引きずることとなる．また，単一の漁業情報のみに依存することも危険であり，複数の，可能であれば漁業とは独立した資源指標が適切な資源管理に必要である．

　そこで加入の早期把握ならびに漁業非依存型の資源指標の確立を目指して，日本は1988年にオーストラリアと共同でミナミマグロ加入量モニタリング事業を開始した．その背景には，当時言われていた加入の増加をより早期に明示して漁獲枠増加につなげる思惑があったことも事実である．初期5年間は曳縄および竿釣漁獲量による西オーストラリア州（WA）沿岸での1歳魚資源のモニタリングを目指した．しかし95％信頼限界値範囲が大きくて加入量トレンドを把握できないとの判断から休止された．次いで計量魚探による調査を試みたが，ミナミマグロ魚群が船直下に来ず，1年の試行調査の後，ソナー調査に切り替えた．

　ソナーを用いた調査（以下，音響調査と称す）は1995年（調査はおよそ12月から3月まで年をまたいで実施したが，以下および図表では1月時点で年を

\* 水産総合研究センター　遠洋水産研究所

代表させる)に試行した．1996年には本格的な調査に乗り出し，以後，2004年に休止した以外は2006年まで10年間，毎年実施した．

## §1．調査デザイン

調査はミナミマグロ1歳魚(図7・1)を対象とし，WA南岸に折れ曲がった矩形の海域(図7・2)を設定して実施した．スキャニングソナー(FURUNO FSV-24)を備えた日本船(第2大慶丸)をチャーターし，調査海域まで航行した後に調査した．

図7・1　曳縄で漁獲されたミナミマグロ1歳魚

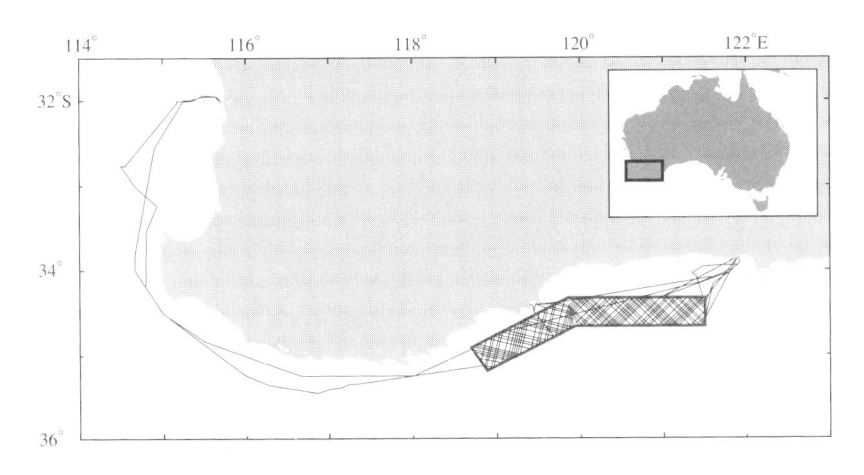

図7・2　2006年音響調査の航跡図
曲がった矩形海域がライントランセクトの調査海域

調査船は設定したトランセクトライン上を8ノットで航行しながら，半径600 mの魚群をソナービームの俯角6度を原則として探索した．トランセクトラインは開始点をランダムに決め，東端から西端（または逆）までに矩形の縁辺で合計8-9回変針するよう設定した（図7・2）．海況が悪化した場合にはトランセクトラインの途中で調査を中止して避航し，海況が回復し次第，中断した点に戻り調査を再開した．

ソナー士3名は交代で24時間モニターした．昼には曳縄ならびに目視観測も実施した．魚群が発見された場合，ソナー士は，種を判定し，群重量を推定した．

加入指数（音響指数）は次式により15日間・調査海域面積で標準化したミナミマグロ1歳魚総重量で表す．

$$Acoustic\ Index = \frac{n_{age1}}{n_{all}} \times \left(\sum_i W_i\right) \times \frac{S_{all}}{2 \times R_{effect} \times D_{trans}} \times \frac{15}{T_{survey}} \quad (7 \cdot 1)$$

ここで$n_{all}$は曳縄で漁獲されたミナミマグロ個体数，$n_{age1}$はそのうちの1歳魚個体数，$W_i$はソナー士が推定したミナミマグロの群重量（t），$S_{all}$は調査海域面積（km），$R_{effect}$は有効探索幅（km），$D_{trans}$は調査したトランセクトラインの距離（km），$T_{survey}$は調査日数（日）．

有効探索幅は，船からの距離に応じた発見確率関数（Hazard rateまたはHalf normal）から求めるが，データ数の乏しい2001年以降は2000年の値（347 m）で固定している．各年の音響指数計算のためのパラメータ値を表7・1に示す．

なお，1996年から2006年までの調査方法は完全には同じでない．まず，船体が2000年に変わり，ソナー機器は2度（1999年，2003年）変わった．3名のソナー士も，最低1名は前年から継続しているが変遷がある．調査海域は，ミナミマグロがほとんど記録されない沖側海域を2003年に削除して縮小した（後述の音響指数はこの効果を補正済み）．それ以外の方法はほぼ一貫している．

調査の実施は開発調査センターが担当し，調査デザインの策定・データ解析を遠洋水産研究所，水産工学研究所，北海道大学，長崎大学，東京大学，オーストラリアのCSIROが担当した．

7. ソナーを用いたミナミマグロの加入量モニタリング調査

表7・1 ミナミマグロ加入量に関する音響指数推定のパラメータ

| 項目 | 単位 | 1996 | 1997 | 1998 | 1999 | 2000 | 2001 | 2002 | 2003 | 2005 | 2006 |
|---|---|---|---|---|---|---|---|---|---|---|---|
| 基礎情報 | | | | | | | | | | | |
| トランセクトライン本数 | 本 | 12 | 8 | 10 | 12 | 12 | 11 | 10 | 9 | 10 | 12 |
| 調査期間 | | Jan.26-Feb.12 | Jan.28-Feb.21 | Jan.22-Feb.20 | Jan.25-Mar.11 | Jan.19-Mar.10 | Feb.5-Mar.10 | Feb.4-Mar.11 | Dec.28-Jan.27 | Jan.14-Feb.14 | Jan.12-Feb.18 |
| 探索時間 | 時間 | 199h | 180.8h | 242.7h | 299.5h | 303.3h | 267.8h | 246.4h | 262.9h | 249.1h | 326.8h |
| | (日) | (8.3d) | (7.5d) | (10.1d) | (12.5d) | (12.6d) | (11.2d) | (10.3d) | (-1d) | (10.4d) | (13.6d) |
| 発見群数 | 群 | 57 | 101 | 146 | 208 | 57 | 6 | 13 | 0 | 12 | 10 |
| 合計群重量 | t | 1,049 | 664 | 346 | 744 | 100 | 1.0 | 16.6 | 0.0 | 36.0 | 2.1 |
| 調査海域面積 | km² | | | | | 9,828 | | | | | |
| 探索半径 | m | | | | | 600 | | | | | |
| 発見群数 | | | | | | | | | | | |
| 直角方向の距離区分 | m | | | | | 0-200-250-300-350-400-500-600 | | | | | |
| 最適発見関数 | | Half-normal | Hazard rate | Hazard rate | Half-normal | Hazard rate | | | | | |
| 有効探索幅家での発見確率 | | 0.002338 (CV=11.7%) | 0.003479 (CV=3.7%) | 0.003087 (CV=4.4%) | 0.003142 (CV=34.9%) | 0.002878 (CV=5.0%) | | | | | |
| 有効探索幅 | m | 428 (CV=11.7%) | 287 (CV=3.7%) | 324 (CV=4.4%) | 318 (CV=34.9%) | 347 (CV=5.0%) | 347 | 347 | 347 | 347 | 347 |
| 指数推定 | | | | | | | | | | | |
| 全年齢密度 | kg/km²/日 | 51.98 | 54.42 | 15.29 | 21.98 | 2.68 | 0.03 | 0.67 | 0.00 | 1.24 | 0.05 |
| 1歳魚組成 | % | 86.2 | 100.0 | 97.3 | 99.5 | 98.0 | 95.7 | 84.6 | 97.0 | 97.4 | 95.7 |
| 平均体重 | kg | 3.10 | 3.07 | 3.28 | 2.92 | 2.86 | 3.48 | 2.87 | 2.44 | 2.81 | 2.47 |
| 1歳魚密度 | kg/Km²/日 | 44.81 | 54.42 | 14.88 | 21.87 | 2.63 | 0.03 | 0.56 | 0.30 | 1.21 | 0.04 |
| 音響指数(ノミナル) | | 3,651 | 4,030 | 1,478 | 2,682 | 326 | 3.5 | 56.8 | 0.0 | 123.6 | 5.9 |
| 音響指数(標準化) | | 6,605 | 8,022 | 2,193 | 3,225 | 387 | 4.7 | 83.0 | 0.0 | 178.6 | 6.5 |

## §2. 調査デザインの検証

　調査海域をWA南岸に設定したのはいくつかの理由がある．まず，オーストラリアとインドネシアとの間にある唯一の産卵場で生まれた若齢魚は，成長しながらオーストラリア西岸を南下し，1歳時にオーストラリア南西角を回って東へ移動すると考えられていた（図7・3）．このうち，WA西岸の分布知見は乏しかったがWA南岸海域では1980年代に竿釣による漁獲が盛んであったことから分布，回遊の知見があった．WA南岸海域の内で特に調査に設定した海域は，ミナミマグロが比較的短期間に西から東へ沿岸域を通過していくという当時の漁業者からの情報があった．調査設定海域はオーストラリア南岸で最も大陸棚が狭く，効率的な調査にも適している．さらに，オーストラリア南岸海域では大型浮魚類のうちミナミマグロが卓越していると考えられたためである．この点は，ソナーによる種判別の不確実性に対して必要な措置であった．

　こうした調査デザイン作成時の前提は，実際の調査から得られた情報と比較して妥当であったのだろうか．まず最も大きな前提となる，調査海域に来遊す

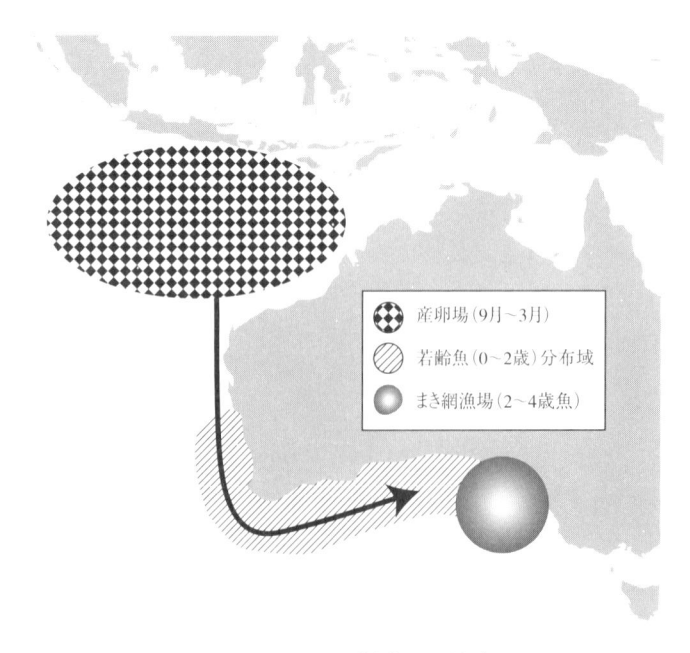

図7・3　ミナミマグロ若齢期の回遊想定図

る資源の加入資源全体に対する代表性については，調査開始時と利用可能な知見に大きな違いはないが，ある程度確実と思われる．それは，オーストラリア沿岸でミナミマグロ1歳魚が多く分布するという積極的な根拠と，他の海域，例えばアフリカ沿岸やインド洋遠洋海域では0～1歳魚の漁獲記録がないという消極的な根拠による．後者はアフリカ沿岸からの情報が乏しいこと，遠洋延縄船では小型魚が漁獲されないことから今後の検討を要するが，既存の知見からは1歳魚の多くはオーストラリア沿岸に分布すると考えるのが妥当である．

調査海域周辺のミナミマグロの移動については，本調査プログラムで実施したソニックタグを用いた調査が興味深い知見をもたらした．ソニックタグは識別番号を発信する小型電子機器で，これをミナミマグロの腹腔内に埋め込み放流する．別海域に列状に設置したリスニングステーションでソニックタグを検知し，ミナミマグロの来遊や滞在に関する知見を得る．3年間の調査の結果，調査海域と海岸との間の海域もミナミマグロが通過すること，必ずしも西から東への移動ではなく，往復したり滞在したりするものもあることが分かった．すなわち，音響調査では発見できない魚群や同一魚群のダブルカウントがあることを意味する．もっとも，音響指数を相対値として捉えれば，これらに大きな年変動がない限りは，影響は小さいと考えられる．

調査時期は1月中旬から3月上旬であった．2005年には12月からの調査実施を試みた．ソナーによるミナミマグロ群発見数は1月下旬から2月上旬にピークが認められ，調査時期がそれらを含んで広く設定されていたことがわかる．

ソナー士の種判定を独立に評価することは困難である．ソナー士が大型浮魚類（体重3 kg以上に達する魚）と判断したもののうちミナミマグロは9年間の平均で86％であったが，曳縄漁獲物での組成では64％であり，両者には食い違いがある．しかし，それでもミナミマグロが大きな割合を占めるとの前提は満たされている．

またソナーで検出された魚群反応のうちの大部分は小型浮魚類（必ずしも魚類とは限らないが，マサバやイワシ類が主と思われる）であり，ミナミマグロは全重量のうち8％を占めるに過ぎない．種の誤認の影響はむしろこちらの方が大きくなろう．ソナー士にとって小型浮魚類と大型浮魚類との識別は比較的容易らしいが，群重量が小さい時や反応がわずかな時間だけ見られたときには

困難かもしれない．そのような時（近年のようにミナミマグロ群がほとんど見られない状況では特に）は，音響指数に与える影響が大きいことをソナー士が認識しているため，ミナミマグロとの判定に躊躇した可能性がある．

ソナー士の群重量推定値の評価はさらに困難である．計量魚探との同時測定を試みてきたが，ミナミマグロ群数が少ないこと，船の直下に来ることが稀であるから，十分なデータが得られていない．一方，1996～1998年に熱帯海域のまき網船に音響調査のソナー士が便乗し，群重量推定精度試験を実施した[2]．この時，ソナー画像で群重量をソナー士が各自独立に推定した後に実際の漁獲重量データを得た．漁獲物はカツオを主体として，他にキハダとメバチであり，いずれの種も40～60 cmFLとミナミマグロ1歳魚と同等の大きさであった．群重量をミナミマグロで想定される30 t未満に限定し，3人で10～14データ／人を得た．その結果，いずれのソナー士でも推定重量と実際の重量との間に正の相関が認められ，大型魚群ではやや精度が劣るもののそれなりの精度があることが分かった（図7・4）．

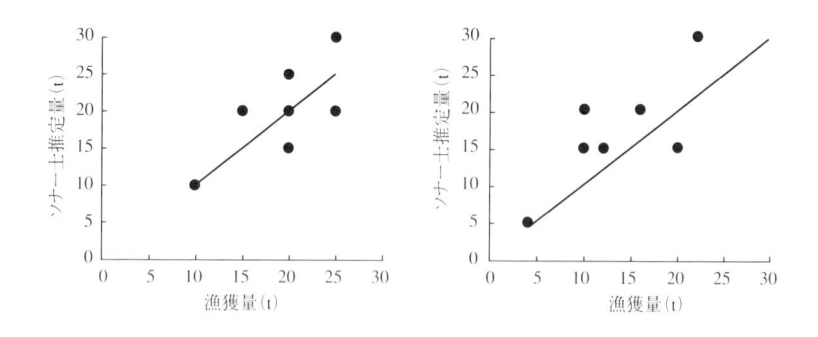

図7・4　熱帯域で操業するまき網船の異なるソナー士による群重量推定精度の試験結果

ミナミマグロの年齢については，曳縄で漁獲されたミナミマグロのうち1歳魚は9年間の平均で94％と大多数を占め，不確実性は小さい．

このように本調査には，ミナミマグロの回遊動態の詳細が不明であること，ソナー士による人為的判断の限界などによる不確実性があるものの，調査手法はほぼ妥当であると考えられている[3]．

## §3. 調査結果

10年の音響指数値を図7・5に示す．調査対象は1歳魚なので，調査より1年前の年級で示している．ミナミマグロ加入資源が1995～1996年級の高水準からその後低下し，1999年級以降は極めて低水準で推移していることが，音響調査の予測である．

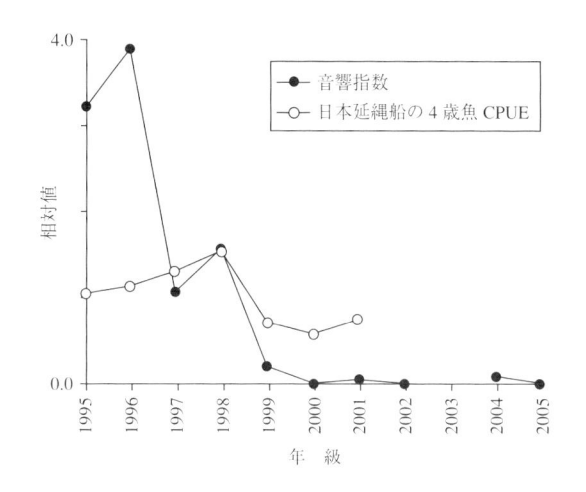

図7・5　音響指数と日本延縄船の4歳魚釣獲率
音響指数は1995～2005年級の，日本延縄船4歳魚CPUEは1995～2001年級の平均値に対する相対値で示した．X軸が年級である点に留意．日本の延縄船4歳魚CPUEは，CCSBT科学委員会で用いているケースの一つ（w0.8）．

ミナミマグロの資源量指数として最も重要視されているのは日本の延縄船の釣獲率（CPUE 釣鈎1,000本当たりの漁獲尾数）である．図7・5に標準化した4歳魚のCPUE（CCSBT科学委員会でw0.8シリーズと呼ばれるもの）を音響指数と合わせて示した．その結果，1998年級までの値の小規模な変動には違いはあるものの，1999年級以降の加入が極端に低いことは日本の延縄船の釣獲率においても認められた．なお加入の低下は，ニュージーランドのチャーター延縄船の釣獲率，オーストラリア沿岸でのCCSBT標識放流によるオーストラリアまき網の漁獲係数，オーストラリアによる航空機目視調査など数多くの情報でも示唆されている．これらを受けて2005年のCCSBT科学委員会は，1999年級または2000年級以降の加入が低レベルであり適切な漁獲量管理が必

要であることを本委員会に勧告している[1]．

音響調査結果は，延縄で明らかになるより3年も前に加入の急減を予見していたのである．

### §4. 今後の展開

しかし，ミナミマグロの音響調査は終了となった．高価なソナー機器を備えた大型船舶を用いた調査が多額の費用を要することに加え，低レベルの加入が続く状況では調査手法を改善するためのデータが得られないためである．

今後は曳縄による安価な調査での加入状況の把握を模索することとなった．音響調査を含めた過去15年以上の調査を通じて，この調査海域におけるミナミマグロの回遊，分布，動態などはかなり把握されてきて，それらは効率的な調査デザインならびに調査結果の適切な解釈に資すると思われる．曳縄による定量性については不確実性があり，過去に諦めた経緯があるものの，加入が多い／少ないといった2段階，3段階程度の情報は得られると期待している．資源管理において低加入の警告を発するためのシグナルが得られるだけでも十分に価値があろう．これまでの音響調査時に併行して実施した曳縄および目視データを用いて，探索時間当たりのミナミマグロ発見群数を求めた（図7・6）．曳

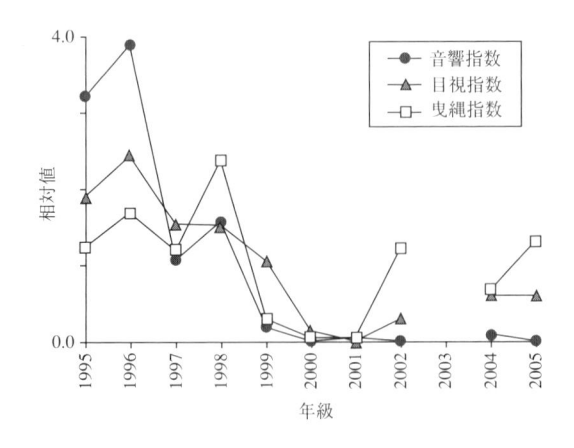

図7・6 音響指数，曳縄による指数，目視による指数
1995～2005年級の平均値に対する割合で示した．曳縄，目視による指数は単位時間当たりの発見群数（30分以内の漁獲は同一魚群によるものと仮定）．

縄においても1995～2001年級に対して音響調査と同様の加入量のトレンドを把握できたことがわかる．

2002年級以降を対象とした音響調査において，ソナーで魚群は検出されないが，曳縄ではミナミマグロが漁獲され，また目視でも魚群が発見されることが多かった．これは加入が低レベルであることで1群の群重量が小さかったためと思われる．すなわち，加入が1999～2001年級よりもわずかに高いレベルになったときには，ソナーでは検出できなかったが曳縄では検出できたのかもしれない．そうであれば曳縄は比較的低レベルの加入資源に対する大まかなモニタリングに適し，ソナーはより高いレベルの資源に対する精度の高い定量的なモニタリングに適しているのかもしれない．最新の日本の延縄船の釣獲率データでは，2002年級が1999～2001年級よりも多いようであり，曳縄指標の有効性が示唆されている．

ミナミマグロの調査を通じてソナーによる資源調査の有効性が否定された訳ではない．その水平・鉛直的な探索範囲の広さ，魚の摂餌活動に影響されないこと，群重量の推定，魚を殺さない点など，調査手段としては大きな可能性をもっている．ミナミマグロにおいては，たまたま加入の少ない時期にあたり，その技術を深めることができなかっただけである．もちろん第8章で見られる通り，ミナミマグロ調査を通じて水産音響学的な多くの知見とその解析結果が得られている．これらを基礎として，他魚種に対応する計量ソナー調査方法が発展し，それをまたミナミマグロ調査に活用できることを願っている．

## 文　献

1) Anonymous : Report of the tenth meeting of the scientific committee of the Commission for the Conservation of Southern Bluefin Tuna, 5-8 September 2005, Taipei (2005).

2) H. Shono and T. Nishida : On accuracy of the estimated fish school weights by sonar specialists (II). RMWS/98/16 (1998).

3) Anonymous : Report of the sixteenth workshop of southern bluefin tuna recruitment monitoring and tagging program, 13-14 December 2004, Yokohama (2004).

# III. 計量ソナーの技術的課題
# 8. 資源調査におけるソナー利用上の技術的課題

高 尾 芳 三*

　豪州南西岸において，漁業用ソナーによるミナミマグロ（Southern Bluefin Tuna，以下，SBTと略す）幼魚の加入量モニタリング調査を実施している．その背景，手法や結果，調査設計の検証などについてはII. 7. において述べられている．ここでは現状のソナーで資源調査を実施してきた際の技術的課題について検討し，計量ソナーに望まれる機能を整理する．

## §1. 調査手法
### 1・1　ソナーの探知範囲
　調査では漁船をチャーターし，ソナー熟練者（以下，ソナー士）が漁業用の低周波全周ソナーを使って広域を走査し，魚群を探知して，魚種と群れサイズ（魚量）を推定する．調査は豪州夏期に実施されるので50～80m付近に水温躍層が出現し，ミナミマグロ魚群は主に表面混合層を遊泳している[1]．全周ソナーでは，音速鉛直分布によっては，音波の屈折により水平探知範囲に制限が生じる．そこで調査水域の平均的な音速鉛直分布を考慮して，魚群探索レンジの目安を定める．

　図8・1は，2001年1月に実施されたCTD（アレック電子製AFT-1000S）観測結果から，Mackenzie式[2]によって求めた水中音速の鉛直分布である．図8・2は，その分布から音響ビームの中心軸とその送波半減角について求めた音線図である．図中のソナー俯角は6°で，これは水面残響の影響などを考慮した，調査中の標準設定値である（魚群発見後はソナー士が俯角を自由に変更する）．

　調査においては，屈折量のあまり大きくならない範囲，かつ音響ビームの拡

---
\* 水産総合研究センター水産工学研究所

がりによる分解能低下，送信周期なども考慮して，600 m レンジを中心としてソナーを使用している．また同図より，水平距離100 m 以内では探知範囲は狭く，かつ浅いことがわかる．

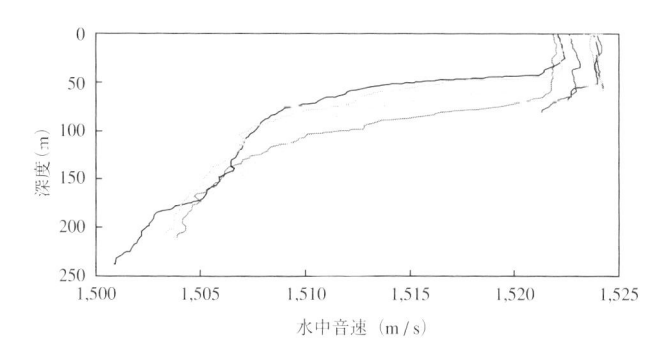

図8・1　CTD 測点における水中音速の鉛直分布（2001年調査）

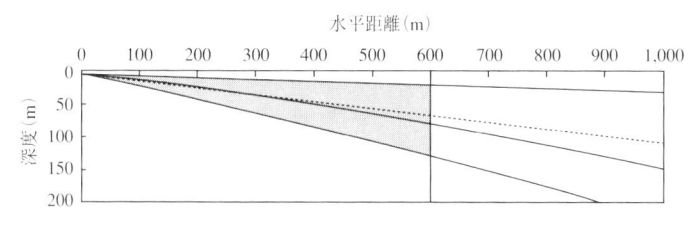

図8・2　ソナーの送波ビームの音線図（2001年調査）．
送受波器深度4 m，俯角6°．点線は屈折なしとした場合のビーム中心

### 1・2　ソナー士による推定

漁業用ソナーを使用するこの調査では，ソナーの操作から，群れサイズ推定までをソナー士に依存している．ソナー士は3名で，24時間体制で調査を実施する．魚群らしきエコーを発見すると，ソナー士は自由にソナーを操作して，魚種判定，魚量推定を行うこととし，ソナー士の判断を阻害するような制限を設けないようにしている．調査海域には複数の魚種が出現するが，少なくともSBT か，それ以外の浮魚（主にイワシ類，サバ類，以降は餌生物：BAIT と略す）にエコーを選別する．ソナー士は主にエコーの連続性や形状変化を確認しつつ魚群抽出，魚種判定，群れサイズ推定を行っている．

一般に魚群の移動速度よりも調査船速（約8 kt）が速いため，魚群が測定レ

ンジに入った後，調査船に近づくことが多い．図8・3は，BAITについて，ソナー士が群れサイズを決定した際の相対位置とサイズ（t数）を，船を中心としてプロットしたものである．図中央の三角形が調査船位置，円はソナーの測定レンジ（半径600 m）を示している．図からは，大まかには船から300～600 m付近の間では魚群の抽出と魚種推定が行われ100～300 m付近で群れサイズが決定されていることがいえる．また船の後方で推定されている場合の多くは，ソナー画像上に複数の魚群エコーが出現したため，群れサイズ判定が後回しになった群れである．

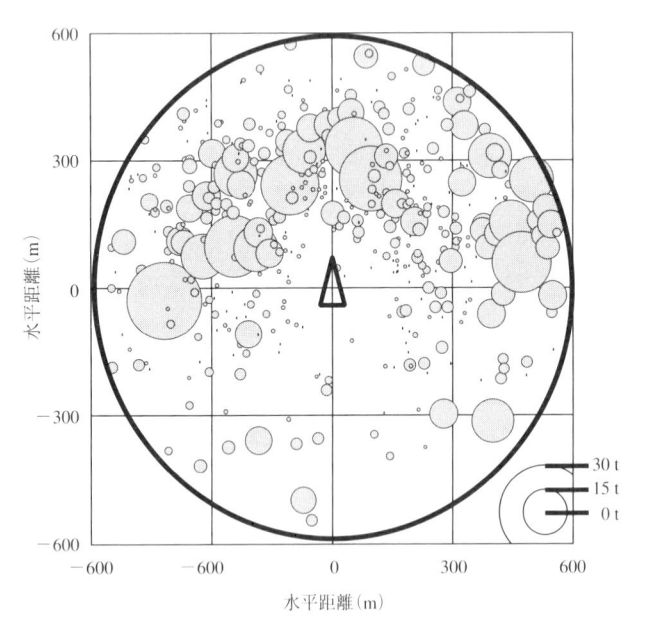

図8・3 ソナー士が群れサイズを推定した時の，魚群と調査船の相対位置（2006年調査）．円の半径がt数を示す．ソナーの測定レンジは半径600 m．中央の△が調査船位置．

## 1・3 調査機器の変遷

予備的な調査を行った後，1996年から2006年までソナーによるモニタリング調査が実施されてきた．この間，調査船，ソナー士，ソナー装置の変遷がある．それらを表8・1にまとめた．

2006年調査までに，10名のソナー士が調査に携わった．推定規準の精度と

継続性を保証するために，ソナー士には複数年継続して調査に参加してもらうようにしている．例えば表中のE氏は1997年から2006年まで継続して調査に参加しており，E氏の判定が実質的な魚種，魚量の判定規準となっている．

ソナー装置については3機種を使用した．新機種となる度に性能は向上している．特に2002年から使用しているCSV-24型全周ソナー（古野電気（株）製）は，高出力かつビーム安定化機能をもつなど，その検出力は大幅に向上していると考えられる．ただしこの機種変更により，音響周波数が38 kHzから26 kHzへと，より低周波になった．この周波数変更がSBTの反射特性に与える影響については，次のセクションで検討する．

表8・1 SBT幼魚モニタリング調査で使用した調査船などの履歴

| 調査年 | 調査船 | | | ソナー士 | | |
|---|---|---|---|---|---|---|
| | 名前 | 全長(m) | 総トン数(t) | 1 | 2 | 3 |
| 1996 | たいけい | 29.5 | 117 | A | B | C |
| 1997 | たいけい | 29.5 | 117 | A | D | E |
| 1998 | たいけい | 29.5 | 117 | A | F | E |
| 1999 | たいけい | 29.5 | 117 | A | G | E |
| 2000 | 第二大慶丸 | 36.0 | 198 | A | G | E |
| 2001 | 第二大慶丸 | 36.0 | 198 | H | I | E |
| 2002 | 第二大慶丸 | 36.0 | 198 | H | I | E |
| 2002～03 | 第二大慶丸 | 36.0 | 198 | H | I | E |
| 2005 | 第二大慶丸 | 36.0 | 198 | H | I | E |
| 2006 | 第二大慶丸 | 36.0 | 198 | J | I | E |

| 調査年 | ソナー | | | 計量魚群探知機 | | |
|---|---|---|---|---|---|---|
| | メーカ | 型式 | 周波数(kHz) | メーカ | 型式 | 周波数(kHz) |
| 1996 | 古野 | CSH-20-40 | 40 | Simrad | ES470 | 70 |
| 1997 | 古野 | CSH-20-40 | 40 | Simrad | EY500 | 38 |
| 1998 | 古野 | CSH-20-40 | 40 | Simrad | EY500 | 70 |
| 1999 | 古野 | CSH-23-40L | 38 | Simrad | EY500 | 70 |
| 2000 | 古野 | CSH-23-40L | 38 | Simrad | EY500 | 70 |
| 2001 | 古野 | CSH-23-40L | 38 | Simrad | EY500 | 70 |
| 2002 | 古野 | CSH-23-40L | 38 | カイジョー | KFC-3000 | 70 |
| 2002～03 | 古野 | CSV-24 | 26 | カイジョー | KFC-3000 | 70 |
| 2005 | 古野 | CSV-24 | 26 | カイジョー | KFC-3000 | 70 |
| 2006 | 古野 | CSV-24 | 26 | カイジョー | KFC-3000 | 70 |

計量魚群探知機（以下，計量魚探機）は，1997年を除いて周波数70 kHzを使用してきた．2001年までは小型の曳航式送受波器を使用しており，調査船速では曳航できなかったため，ソナーとの同時使用の機会が限られたが，2002年からは船底送受波器を装備し，ソナーと同期送信させて調査期間を通じてデータを得ている．計量魚探機では送受波器直下の空間しか測定できないため，高速遊泳するSBTを捉える機会はごくまれであるが，イワシ類などSBTの餌生物についてその分布情報を得るのに有効であり，またソナーと魚探機で同じ餌群れを計測する機会もしばしばある．

調査船については，2000年からより大型になった．耐候性については有利になったと考えられるが，SBTの行動，例えば船からの逃避へ与える影響などは未検討であり，今後の課題である．

## §2. ミナミマグロ幼魚の音響散乱特性

魚の音響散乱については鰾の寄与が大きいが，SBTの1, 2歳魚は鰾がほとんど発達しておらず，ガスを蓄えていない[3]．よって同サイズの有鰾魚に比して，ターゲットストレングス（TS）は低く，またTSの指向性が鋭くなるため，姿勢変化によるTS変動が大きいことが予測される．

計量魚探機データから生物量への変換係数となる背方向TSについては，70 kHzのシステムを使用して，生け簀内を遊泳するSBTについて実測を行っている[4,5]．一方，ソナーについては背方向以外のTS情報も必要となるが，全方位の実測は困難なため，音響散乱モデルによって検討を行う．無鰾魚や動物プランクトンなどのTSを散乱モデルにより推定する際に重要なパラメタは，周辺水と魚体との音速比，および密度比である．そこで，これまで測定例のない，SBT幼魚の魚肉内音速の測定を行った[6]．魚肉内音速については，時間経過や冷凍保存などによる変化が確認されており，漁獲後，直ちに測定するのが望ましい．そこで可搬性の測定装置を調査船に持参し，漁獲直後のSBT幼魚を使って測定した．測定には，医療用骨密度測定器（古野電気（株）製CM-100）を使用した．人の踵を左右からはさみこんで超音波伝搬時間を測定し骨密度に変換する装置で，小型軽量で測定結果も迅速に得られるため，骨粗鬆症のスクリーニングに利用[7]されている．測定原理などは安部ら[6]を参照されたい．

測定されたSBT幼魚の魚肉内音速は1,610〜1,655 m/sの範囲であり，魚肉温度に依存する傾向が認められた．遊泳中のSBT筋肉温度が環境水温に対して5℃高いという仮定の下，周辺海水に対する魚肉の音速比を求めたところ，およそ1.06〜1.09（平均1.078）という範囲であった．

ソナー機種変更にともなう周波数変更の影響を検討するため，単純な形状のモデルにより，人掴みにSBT幼魚TSの周波数特性を探った．SBT幼魚の体型を楕円体とみなし，歪波ボルン近似（distorted wave Born approximation, DWBA）により楕円体のTSを計算[8]した．図8・4は，SBT1歳魚に相当する長さ50 cm，高さ14 cm，幅10 cmの楕円体について，新旧ソナーで使用する，26 kHz，38 kHzおよび計量魚探機の70 kHzについて計算した，ロール角方向（胴回り方向）のTS指向性パターンである．図中，0°が背方向，90°が体側方向となる．背方向TSについては周波数により大きなレベル差が生じるものの，ソナーにおいて重要となる斜めおよび体側方向TSについては，レベル差が小さく，また低周波は指向性が広くレベルが安定している．よってトータルでのTS値低下は免れられないものの，新ソナーのもつ高信号対雑音比と，ビーム安定化装置によるエコー信号検出率向上も見込まれるため，38 kHzから26 kHzへの周波数変更による影響は小さいと考えている．

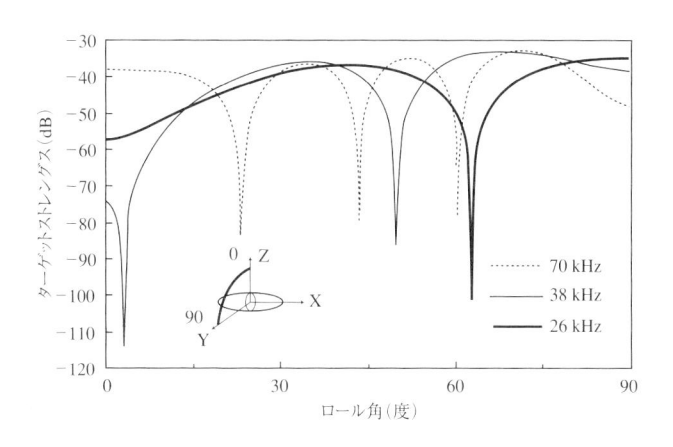

図8・4　DWBA楕円体モデルによるロール角方向のTS指向性パターン
（長さ50 cm，高さ14 cm，幅10 cm，SBT1歳魚相当）

## §3. ソナー士による魚量推定の特性とその評価
### 3・1 魚量推定値とソナー画像の比較

ソナー士の推定トン数の精度は重要である．まき網内の群れに対してソナー士による魚量推定を行い，漁獲結果と比較する試みが行われ，経験豊富なソナー士の推定値には信頼性があることが示されている[9, 10]．しかし，これらは10～100 tクラスの大型の群れに対するもので，SBT幼魚のような小型の群れに対してはその実験方法も含め，そのまま適用するのは難しい．

ソナー士に対する聞き取りによれば，魚量はエコーの強度（特に赤み）と大きさから判断しているとのことであった．またMisundら[11]による研究においても，ソナー画像を色コード別に足し合わせた指標（colorsum）は相対的なエコー強度の指標として有効とされている．そこで，ソナー士が群れサイズを決定した時のソナー画像のスナップショットを記録し，その魚群エコー画像と魚量推定値の関係を調べた．

魚群エコー画像のドットを，約0.47 dBステップの64階調色コード別に重み付けして足し合わせ，ソナー画像の指標とする．ただし，使用したソナーの送信パルス幅は測定レンジに連動して自動調整されるので，そのパルス幅変化分を補正する項（$2/c\tau$）を追加し，下記のソナー画像指標（$I$）を計算した[12]．

$$I = \frac{2}{c\tau} \sum_{i=1}^{65} w_i S_i \qquad (8\cdot1)$$

$$w_i = 10^{-0.47(65-i)/10} \qquad (8\cdot2)$$

ここで，$c$は水中音速，$\tau$はパルス幅，$S_i$, $w_i$ は，それぞれ色階調$i$における面積と相対的なエコー強度である．この指標とソナー士が推定した群れサイズを比較した．

図8・5は，縦軸にソナー士による群れサイズ推定値，横軸にソナー画像指数をプロットしたものである．データの総数は72組，そのうち，群れサイズを決定した際の魚群中心と調査船間距離が100 m以上300 m未満であったものが46組（64 %）であった．図ではそれら46組を▲で示し，それ以外の26組は◇で示してある．最小二乗法により，全データおよびそれぞれについて，回帰式と決定係数を求めた．図中には46組（▲）から得られた回帰直線，その式と決定係数を記した．全データ，46組，26組，どれも回帰直線はほぼ同じと

なったが，決定係数はそれぞれ0.52，0.73，0.03となった．このように，ソナー測定レンジの中間範囲で，ソナー士推定値とエコー画像係数の相関がよくなる理由としては以下が考えられる．ソナー士は，エコーのスナップショットではなく，エコーの変化をしばらく観察し平均的なエコーから群れサイズ推定を行うこと．ビーム幅と魚群寸法の関係により，近距離ではエコー表示が不安定になったり，また遠距離ではレベル表示が不正確になったりする場合があること．漁業用ソナーの信号処理の線形性に限界があることなどである．

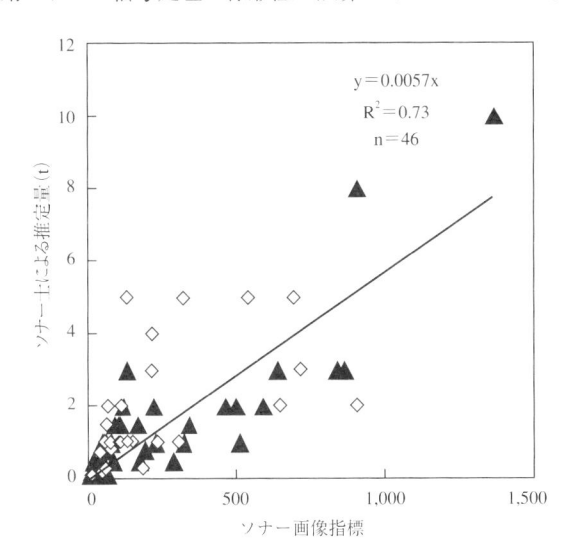

図8·5 ソナー士推定トン数とソナー画像指標の比較（Sawadaら[12]より改変）
▲：魚量推定時の魚群と調査船間距離が100 m以上300 m未満（n＝46），◇：それ以外（n＝26）．
図中の回帰式は，距離が100 m以上300 m未満のデータ（▲）について最小二乗法により算出し，決定係数，データ数を附記した．

## 3·2　魚群サイズ統計の応用による評価

集群性浮魚類の群れサイズ分布が一般にベキ則に従うという統計的性質[13, 14]を利用し，ソナー士の群れサイズ推定の妥当性や特性を検討した．ここで $N$ を群れサイズとすると，現存資源量指数 $\langle N \rangle_p$，および理論曲線である群れサイズ分布関数 $W(N)$ は，以下の式で表される[13, 15]．

$$\langle N \rangle_p = \frac{\overline{N^2}}{\overline{N}} \tag{8·3}$$

$$W(N) \propto N^{-1} \exp\left[-\frac{N}{\langle N \rangle_p}\left(1 - \frac{e^{-N/\langle N \rangle_p}}{2}\right)\right] \tag{8·4}$$

図8·6はマイワシの群れサイズ $N$ の実測と理論曲線の比較[16]である．この理論曲線は実測データから得られる現存資源量指数 $\langle N \rangle_p$ の点推定値から描かれるもので，データへの直接的な当てはめではない．しかし両者はよい一致を示しており，理論の妥当性を示している．

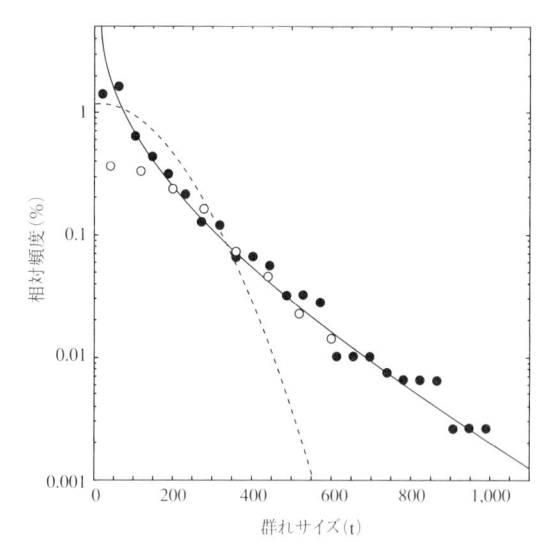

図8·6 マイワシの魚群サイズ測定結果と理論曲線（実線）の比較[16]．
波線は正規分布を当てはめた場合．

この理論をソナー調査データに適用するには，まとまった魚群データ数が必要となる．残念ながら近年の調査におけるSBT群の発見数は少なすぎ，年度ごとの解析はできない[17]．しかし発見数が多いBAITについては各年の結果について検討することができ，1996，1997年のBAIT資源は高水準であり，2000，2001，2003および2005年のBAIT資源は低水準であること，サイズ推定精度は調査年によりばらついていることが示された[18]．

図8.7には1997年および2002年調査におけるBAITのデータを用いた結果を示す．両者を比べると，1997年には5 t未満の群れが出現せず，また5 tクラスの群れ数も，理論曲線より大きく下回っていることがわかる．他年度の解析結果も合わせて検討すると，1999年までは小型の群れの頻度が少なく，また，資源の高水準期である1996，1997年においても群れ発見数が低水準期の発見数より著しく少ない．この結果の解釈としては，ソナーが高性能機種に置き換ったため，より小型の群れが検出できるようになったものと考えられる．

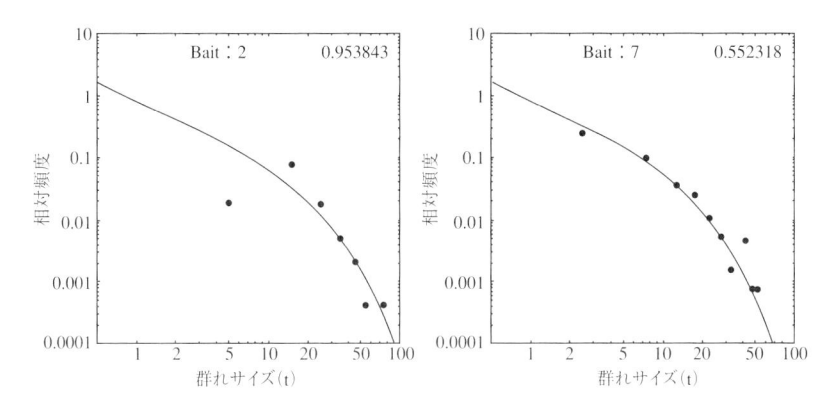

図8・7 餌群れに対する解析結果[8]．
実線は理論曲線．1997年調査（左）および2002年調査（右）

## §4. 計量ソナーへの期待

計量魚探機では調査不可能な，浅海域を高速移動するSBTをモニタリングするために，漁業用ソナーによる調査を実施してきた．現状では，魚群検出，魚種判定，魚量推定の全過程をソナー士へ依存しており，これを部分的にでも，客観的かつ自動測定可能な計量ソナーシステムに置き換えていきたい．早期に実現可能と思われる順は，魚量推定，魚群検出，魚種判定と考える．以下に計量ソナーに望む機能をあげる．

1）定量的なエコー信号の収録

計量ソナーによる資源調査の初期段階では，ソナー士が魚群として検出したエコーに対し，後処理で定量的な測定を行い，魚量推定をすることになる．そのためには飽和していないエコー信号の収録が必須になる．データ量が膨大に

はなるが，音波の屈折やビーム分解能の影響で有効測定レンジは数百mに制限されるから，収録技術的には大きな問題はないと考える．

2) 魚のソナービームに対する姿勢情報の取得

エコー積分法により魚量推定をするのであれば，魚のTSは方向性が鋭く，姿勢による変化が大きいので，音響ビームに対する魚の姿勢情報を得る必要がある．魚群の移動ベクトルなどから，それら情報を引き出すなどの工夫，研究が必要となる．

3) 時空間的に連続したエコー表示方法

魚群か雑音かの判断をソナー士でなくても行えるようにしたい．魚探機では，時間的に連続した映像が得られるので，その判断は比較的容易である．それに対して，全周ソナーは送受信ごとに映像が更新される．ソナー士はこれら映像を脳内で時系列処理し，エコーの連続性や形状変化の特徴などから，魚群検出や魚種判定を行っている．この職人技を取り込むための第一歩として，時空間的に連続した表示を可能とするエコー信号処理方法を開発する必要がある．後処理ではなく，調査中に（準）リアルタイムで確認できるものとすれば，調査の効率的な実施に大きく貢献する．

## 謝　辞

長年にわたり調査に熱心にご協力いただいた，第二大慶丸乗組員の皆様を始めとする日豪の多くの関係者の方々に，心よりお礼申し上げます．また，本稿の研究の多くは，水産工学研究所の丹羽洋智氏，澤田浩一氏，安部幸樹氏により実施されたものであることを記し，感謝の意を表します．

## 文　献

1) 西田　勤・稲垣　正・宮下和士：第27回「かつお・まぐろ漁業研究座談会」まぐろ等大型浮魚遊泳水深に関連する研究 2-6 ソナー・魚探，水産海洋研究，62，273-276（1998）．

2) K. V. Mackenzie: Nine-term equation for sound speed in the oceans, *J. Acoust. Soc. Am.*, 70, 807-812 (1981).

3) D.L. Serventy: The southern bluefin tuna, *Thunnus Thunnus maccoyii*（*Castelnau*）, in Australia waters, Australian Journal of Marine and Freshwater Research, 7, 1-43 + 2 plate (1955).

4) 宮下和士・西田　勤：実験イケス内のミナミマグロ *Thunnus maccoyii* 幼魚のターゲットストレングスの直接推定，水産海洋研

究, 63, 8-13 (1999).
5) Y. Takao, K. Miyashita, K. Sawada, A. Nanami, K. Abe, R. Kawabe, S. Harada, H. Yamashita, T. Nishida, Summary of target strength measurements of juvenile southern bluefin tuna (*Thunnus maccoyii*) in cage from 1998 to 2002 (Revised), The 15th workshop on SBT recruitment monitoring and tagging program, RMWS/03/12, 8pp (2003).
6) 安部幸樹・澤田浩一・甘糟和男・高尾芳三・徳山浩三：ターゲットストレングス推定に必要なミナミマグロ (*Thunnus maccoyii*) 幼魚の魚肉内音速測定, 海音学会誌, 34, 25-33 (2007).
7) 楊　鴻生，岸本英彰：新しい超音波骨密度測定装置 (CM-100) の臨床的有用性の検討, *Osteoporosis Japan*, 5, 813-822 (1997).
8) A. C. Lavery, T. K. Stanton, D. E. McGehee, D. Chu : Three-dimensional modeling of acoustic backscattering from fluid-like zooplankton, *J. Acoust. Soc. Am.*, 111, 1197-1210 (2002).
9) H. Shono, T. Nishida: On accuracy of the estimated school weight by sonar specialists (Part I), The 9th workshop on SBT recruitment monitoring and tagging program, RMWS/97/24, 10pp (1997).
10) H. Shono, T. Nishida: On accuracy of the estimated school weight by sonar specialists (Part II), The 10th workshop on SBT recruitment monitoring and tagging program, RMWS/98/16, 14pp (1998).
11) O. A. Misund, A. Ferno, T. Picher, B. Totland: Tracking herring schools with a high resolution sonar. Variations in horizontal area and relative echo intensity, *ICES J. Mar. Sci.*, 55, 58-66 (1998).
12) K. Sawada, K. Abe, Y. Takao: Trial of automatic abundance estimation of school using estimates of sonar specialist and sonar images, Report of the 16th workshop on SBT recruitment monitoring and tagging program, RMWS/04/07, 11pp (2004).
13) H.-S. Niwa: Power-law versus exponential distribution of animal group sizes, *J. Theor. Biol.*, 224, 451-457 (2003).
14) H.-S. Niwa : Power-law scaling in dimension-to-biomass relationship of fish schools, *J. Theor. Biol.*, 235, 419-430 (2005).
15) H.-S. Niwa : Space-irrelevant scaling law for fish school sizes, *J. Theor. Biol.*, 228, 347-357 (2004).
16) 丹羽洋智：集群性浮魚資源の漁獲リスク, 海洋水産エンジニアリング, 55, 74-94 (2006).
17) H.-S. Niwa : Analyzing data from sonar-specialists' estimates based on school-size statistics: SBT, Report of the 17th workshop on SBT recruitment monitoring and tagging program, RMWS/05/10, 10pp (2005).
18) H.-S. Niwa : Analyzing data from sonar-specialists' estimates based on school-size statistics: BAIT, Report of the 17th workshop on SBT recruitment monitoring and tagging program, RMWS/05/11, 12pp (2005).

# 9. 計量ソナーにおける魚の
## ターゲットストレングスの取扱い

向 井　徹*

　生物がどのくらい超音波を跳ね返すかの指標であるターゲットストレングスは，音響データを生物データに変換する際に必要不可欠なものである．今まで主に実施されてきた計量魚群探知機による音響資源調査においては，超音波を船の真下方向に送波する．したがって，生物への超音波の入射は，ほぼ背方向からと考えてよく，背方向における超音波の入反射に関するターゲットストレングス特性を把握しておけばよかった．

　一方，広範囲の水中を探査するソナーにおいては，船の位置を中心として四方八方に超音波を送波する．そのため生物への音の入射方向は様々であり，いろいろな方向，特に生物の斜め上方におけるターゲットストレングス特性を考えなければならない．

　生物のターゲットストレングスに関する研究は古くから行われているが，そのほとんどが背方向（Dorsal-aspect）のものである．初期の頃は実測がメインであり，魚種や周波数を変えて計測することで，ターゲットストレングスの魚種特性や周波数特性を調べてきた．最近では計測精度が向上し，音響散乱理論を用いた音響散乱モデルでの推定値と比較できるようになってきた．この音響散乱モデルも改良を重ね，より複雑なものとなってきているが，コンピューターのCPUパワーの向上と相俟って，比較的容易に結果が得られるようになってきた．そして，両者の間によい一致が見られるようになってきた．

　背方向以外のターゲットストレングスについては，河川におけるサケの遡上を音響手法でモニタリングするのに必要となる，サケ類の側面方向（Side-aspect）のターゲットストレングスに関するものが多くある．しかし，その他の方向でのターゲットストレングスに関する研究は余り見られない．数少ない研究例の中で，様々な魚種に対して，様々な方向におけるターゲットストレン

---

* 北海道大学大学院水産科学研究院

グスを測定したLoveの研究事例が有名である．Loveは側面方向，背方向，いろいろな方向におけるターゲットストレングスについて各々研究し報告している[1-3]．また，活魚を用い，かつ，ソナーを意識したものにGoddard and Welsbyの研究[4-6]があげられる．これは，船の前方俯角22.5°に音響ビームを向けた前方探査ソナーへの利用を意識したものである．彼らは，ケージの中にタラ類1個体あるいは複数個体を収容し，背方向および魚の斜め上方22.5°から超音波を照射し，ターゲットストレングス測定を行っている．その中で，測定中の魚の行動によって，結果が大きく左右されることを述べている．

一方，背方向のみならず側面方向での入射角を変化させたときのターゲットストレングスの理論推定も行われ始めている．今後は，3次元でのターゲットストレングスの理論推定値と上述の実測値との比較・検討が必要となる．

このように，計量ソナーに用いるためのターゲットストレングスの研究はまだまだ進んでいないのが現状である．ソナーによる音響データや画像データの定量化が進められていく中，ソナー調査で適用させるターゲットストレングスを早急に検討する必要がある．

ここでは，これらいくつかのターゲットストレングス研究をレヴューするとともに，計量ソナーに適用するターゲットストレングスを知るためにはどのような方法が適切かを考えていく．

## §1. ターゲットストレングス

魚のターゲットストレングスは，魚体の音響散乱において，1mの位置に換算した後方（戻り）散乱波の強さと入射波の強さとの比のデシベル値と定義される．つまり，魚体に入射した音波のうちのどれくらいが音源方向に戻っていくかを表したものである．このターゲットストレングスの線形表記は後方散乱断面積と言われ，$\sigma_{bs}$（シグマ・ビーエス）と記述される．また，このターゲットストレングスの測定方法には，自然遊泳状態の魚について測定する自然法や，ケージに収容したり懸垂した魚について測定する制御法などがある．

魚体への超音波の入射方向あるいは入射面には，船の動揺軸と同様に，図9・1に示すようなピッチ（Pitch，背→頭→腹→尾を通る軸），ロール（Roll，背→側面→腹→側面を通る軸），ヨー（Yaw，頭→側面→尾→側面を通る軸）の

3軸が定義できる．一般によく用いられる魚群探知機は，船底から垂直真下に音波を照射するため，ピッチ面でのターゲットストレングスの変化を考慮しなければならない．したがって，今までに多く研究されているターゲットストレングスは，魚体の背方向から入射し，音源方向へ戻っていくもので，背方向ターゲットストレングスと呼ばれている．この姿勢（ピッチ角）変化によるターゲットストレングスの変動（ターゲットストレングスのピッチ角特性）については数多くの研究事例が残されている．図9・2にその一例を示す．これは，北海道クッタラ湖に生息するヒメマスのターゲットストレングスのピッチ角特性である．0°は垂直真上から音波が入射し，再び垂直真上に音波が戻っていく時の割合を示している．図よりピッチ角が0°の時のターゲットストレングスは約 $-33$ dB と読める．これは入射波強度の約2千分の1（10の（$-33/10$）乗）

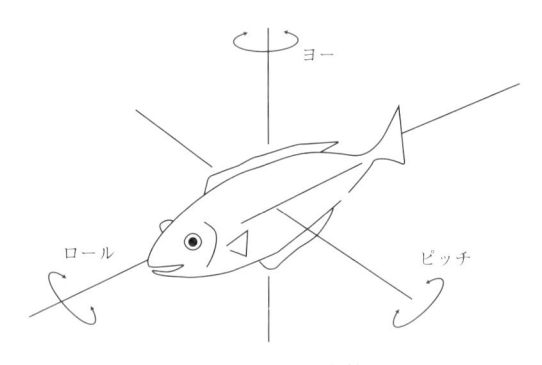

図9・1　魚体の回転軸

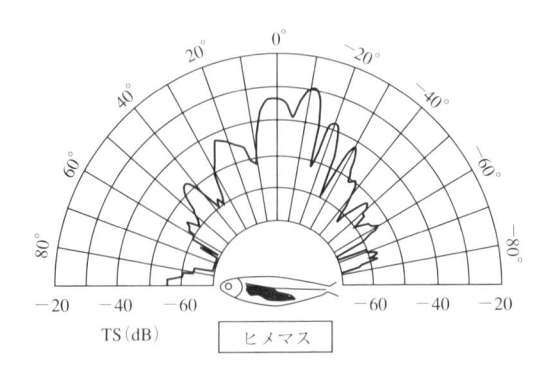

図9・2　ヒメマスのターゲットストレングスのピッチ角特性（周波数50kHz）

の強度の音波が再び音源方向へ戻っていくことを示している．また，ピッチ角が$-10°$の時，すなわち，魚の後方約$10°$から音波が入射し，再びその方向へ音波が戻っていく場合に，ターゲットストレングスが最大値の約$-30$ dBを示している．これは図中，魚体の中に黒い領域で書かれている鰾によるものである．つまり，魚がこの図の状態から約$10°$頭を下げたときに，この鰾の長軸が水平になり，音源方向から見た鰾の断面積が最大になり，音源方向へ跳ね返る音波の割合も大きくなるためと言われている．このターゲットストレングスの最大値を用いて魚体長推定を行うことが多い．ちなみに，魚体内に鰾が存在する魚については，超音波反射のほぼ9割が鰾によるものと報告されている[7]．

## §2. Pitch, Roll, Yaw面を考慮した3次元ターゲットストレングス特性

ピッチ面でのターゲットストレングスの測定例は数多く存在するが，ロールやヨー面での測定例は非常に少ない[8-9]．図9・3は同一魚を用いて水槽でこれら3面のターゲットストレングスを測定した例である．A）がピッチ面でのターゲットストレングス，B）がロール面，C）がヨー面を表す．ピッチ面では魚が若干頭を下げたときが，ロール面とヨー面では側面方向におけるターゲットストレングスが大きいのがわかる．

ピッチ面以外でのターゲットストレングス特性では，川に遡上するサケなどの大きさや数を音響手法で調べるために，側面方向すなわちヨー面の特性を調べたものが比較的多く存在する[10-12]．しかし，これらの面を複合的に扱ったものは少ない．

数少ない複合データの中で，Loveによる水槽における精密測定[3]とGoddard and Welsbyによるケージ法[4-6]での測定が代表的であるのでここで紹介する．

まず，Loveによる研究事例であるが，懸垂法を用いて，多くの魚種・大きさの魚に関して，複数の周波数でピッチ・ロール・ヨー各々の軸に沿って$30°$ごとに音波の入射方向を変化させながらターゲットストレングスを測定した．そしてピッチ，ロール，ヨー面についてそれぞれ$30°$ごとに測定されたターゲットストレングスをもとに，その間を内挿することで他の入射方向のターゲットストレングスを推定する方法である．このとき求めたい入射方向に対して，それぞれの軸がどのくらい寄与しているかを考慮しての計算を行っている．

次に，Goddard and Welsbyによる測定は，底面が2 m×2 m，高さが1 mの直方体のケージ内に1個体あるいは複数個体の生きたタラ類を入れ，自由に遊泳している状態でケージの真上あるいは斜め上方22.5°から超音波を照射

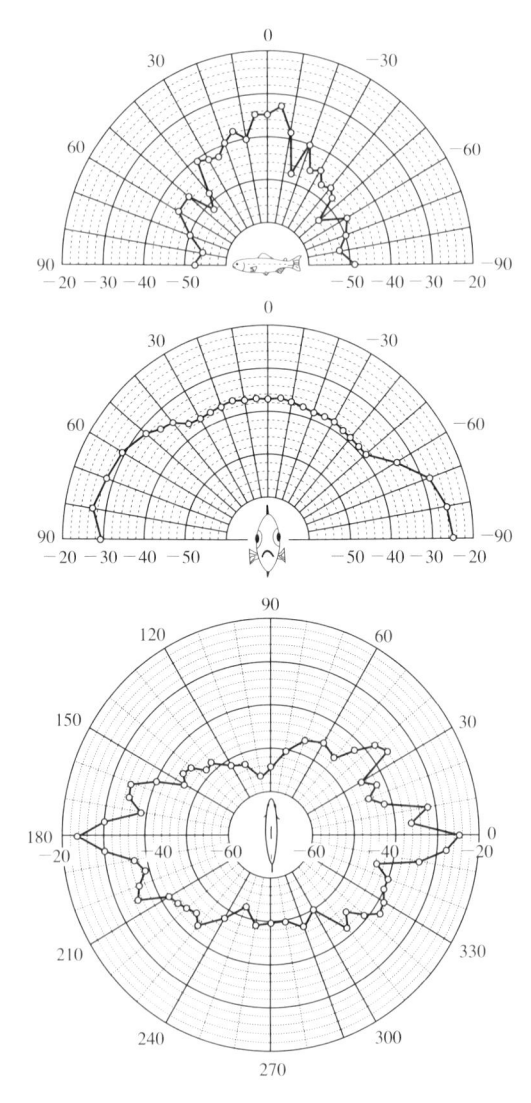

図9・3　ヒメマスのターゲットストレングス
A）ピッチ角特性，B）ロール角特性，C）ヨー角特性

し，その反射を測定したものである．これを周波数10，30，100 kHzで測定した．この斜め上方22.5°の測定は，当時使用していた前方探査ソナーを意識しての測定であった．この測定ではケージ内で魚が自由に遊泳しているので，魚の上半分22.5°のあらゆる方向からのターゲットストレングスを測定したことになる．1986年に出された彼らの論文[5]については，データ処理の方法に関して批評が出ている[6]ので注意が必要である．

一方筆者らは，これらの実験をベースにさらに実用的なデータを取得するための実験を開始している．場所は北海道臼尻である．臼尻漁港内に「はしけ」を浮かべ図9・4に示すような装置で，懸垂法を用いて，活魚の背方向ターゲットストレングスや側面方向ターゲットストレングスに関する基礎実験を行った[13-14]．周波数は28 kHzで，カタクチイワシやチカの活魚単体を懸垂し，ピッチ面やヨー面での回転をしながらターゲットストレングスの測定を行った．また，複数個体をケージに収容し，ある程度自然に遊泳している魚のターゲットストレングスも測定した．これらの個体はターゲットストレングス測定後，冷凍保存し，後日Ｘ線による体内観察を行った．Ｘ線写真の一例を図9・5に示す．これはカタクチイワシのＸ線写真であり，上半分は側面方向から撮影したもの，下半分は背方向から撮影したものである．魚体中央付近に黒っぽく影のように映っているのが体内にある鰾である．このサンプルについて，懸垂法で測定し

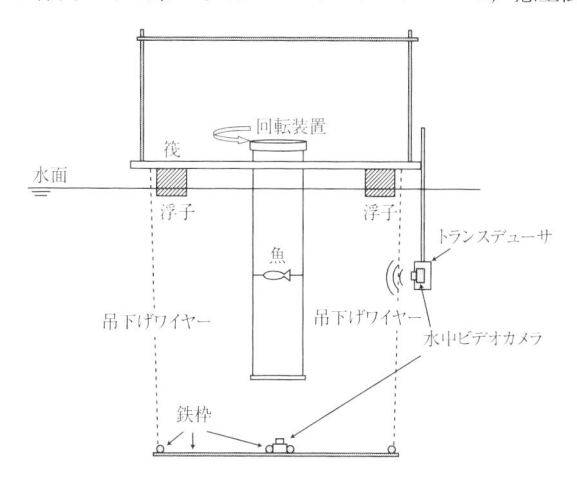

図9・4　北海道臼尻における実験装置の概要

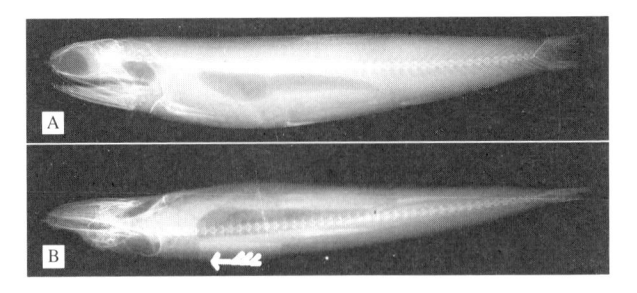

図9・5　カタクチイワシのX線写真
A) 側面方向から，B) 背中方向から

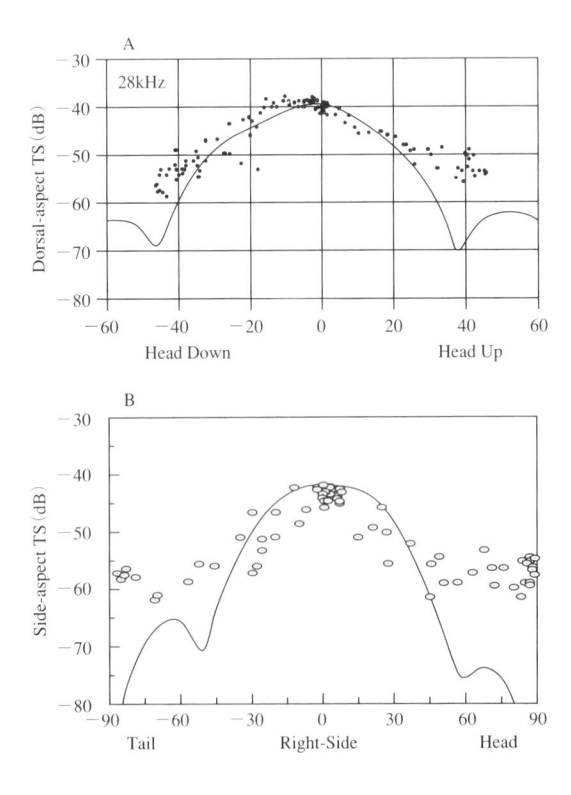

図9・6　カタクチイワシのターゲットストレングスの姿勢角特性
A) 背方向特性，B) 側面方向特性

た背方向と側面方向のターゲットストレングス特性を図9・6に示す．上半分のA）は背方向（ピッチ面）での測定，B）は側面方向（ヨー面）での測定である．いずれも0°付近で最大値を示し，角度が増すに従ってターゲットストレングスが減少していくのがわかる．この測定個体について撮影したX線写真から魚体あるいは鰾の輪郭形状をトレースしその座標を用いてKirchhoff Ray-Mode（以下KRM）モデル[15-16]でターゲットストレングスの推定を行った（図9・6）．図中の実線がモデルによる推定値である．これらの図を見ると，±30°付近までは実測値と推測値がよく合っているのが伺える．

このように背方向および側面方向でのターゲットストレングスの特性が，実測値とモデル推定値とでよく合うことがわかってくると，音響散乱モデルを用いた3次元ターゲットストレングス推定の可能性がでてくる．これが可能になると，魚体のどの方向に対してもターゲットストレングスが推定できるようになり，全方位で推定されたターゲットストレングスをもとにソナーで使用する代表値を決めるための平均法の検討段階に入る．今後は，斜め上方など3軸の中間面におけるターゲットストレングスの実測を行い，モデル推定値との比較を通してモデルの妥当性を検証しなくてはならない．

### §3．音響散乱モデルによる3次元ターゲットストレングス推定

ターゲットが非常に小形であったり軟体のため懸垂しての測定が困難であったりする場合や，いろいろな周波数でのターゲットストレングスが必要な場合，音響散乱モデルがよく使われる．一般に鰾のある有鰾（ゆうひょう）魚については，上記であげたKRMモデルがよく使われる．KRMモデルにおいては，魚体形状，鰾形状，魚体や鰾の密度と海水の密度との比である密度比g，魚体や鰾の内部を通過する音波の音速と周りの海水中の音速との比である音速比hなどのパラメータが必要になる．魚体形状や鰾の形状についてはX線観察などで把握できる．しかし，魚体の密度や音速については測定例があまりなく，過去のデータを主に使用している．したがって今後，モデルでの推定精度を高めるためにはこれらの測定も行っていかなくてはならない．このようなパラメータを使用した3次元ターゲットストレングスの推定がKRMモデルを用いて行われている[17-18]．このモデル推定値の妥当性を検証するためには，3次元での

ターゲットストレングス測定が必要となるが，前項で述べた装置を用いて今後順次測定していく予定である．また，魚体の密度や音速についても測定を行い，より精度の高い比較を行わなければならない．

3次元ターゲットストレングスの推定が可能になると平均化の検討が必要になってくる．計量魚群探知機による音響調査で採用されているターゲットストレングスは，背方向ターゲットストレングスを次に述べる方法で平均化したものである．それはFoote[19]により提案されたもので，角度を変えて測定された背方向ターゲットストレングスのピッチ角特性を用いて，送受波器から見た魚の見掛けの姿勢角分布と送受波器の指向特性で重み付けして平均するものである．魚の姿勢分布としてはよく正規分布が仮定され，その分布の平均値±3標準偏差で切断する切断正規分布が使われる．このようにして平均化したターゲットストレングスが計量魚群探知機では使われる．これと同様な考えで，ソナーについてもターゲットストレングスの平均法を検討しなければならない[20]．

## §4. ソナーの利点を活かしたターゲットストレングス推定

ソナーの利点は，遠方の魚群を探知できるため魚群を威嚇しないこと，魚群の遊泳方向や遊泳速度がわかること，自船の周囲の状況を広範囲に把握できることなどである．遠方にいる魚群の移動方向がわかるということは，船に対する魚群の相対的位置がわかり，かつ，群を構成する魚1個体への音波の入射方向の概略がわかる[21]．このような場合，自船が魚群の周りを旋回することにより，いろいろな方向における音響散乱特性が実測できる．これにより音響散乱モデルで推定したターゲットストレングスと実測されたターゲットストレングスの比較が可能となる．

このような状態において，ソナーに映っている魚群をまき網などで確実に捉えることができれば，調査などに用いるためのターゲットストレングスとしてはどのようなものが適しているかを現場に即して検討することができる．

## §5. 計量魚群探知機におけるターゲットストレングスの取扱法の応用

ある海域において計量魚群探知機を用いた音響資源調査を行う場合，その海域内で魚群が疎な箇所，密な箇所，あるいは魚群が存在しない箇所などが混在

する．このような場合，海域全体で遭遇した単体魚や魚群を見かけ上一箇所にまとめ，重ね合わせることで理想的な群体，つまり魚が立体角 $2\pi$ の全範囲に均一に存在していると考えられ，エコー積分法を導入することが可能となる[22]．そしてターゲットストレングスについても様々な姿勢における値を平均化して用いることで平均的な量の推定が可能となる．これと同じような考え方で，ソナー調査におけるターゲットストレングスを取り扱うことが可能と考えられる．つまり，ある海域をソナーで調査した場合，やはり魚群の有無や疎密の箇所が生じるが，全てを重ね合わせて理想的な群を構成する（図9・7）．こうした場合，魚の姿勢に関する平均は，水平的にはランダム分布とみなすことができ，垂直的にはある程度ビームの俯角により決まってくる．調査船の存在が魚群に感知される前に魚群をソナーで捉えることができるならば，水平状態から極端に傾いた姿勢で泳ぐような魚で構成される魚群はほとんどいないと思われる．

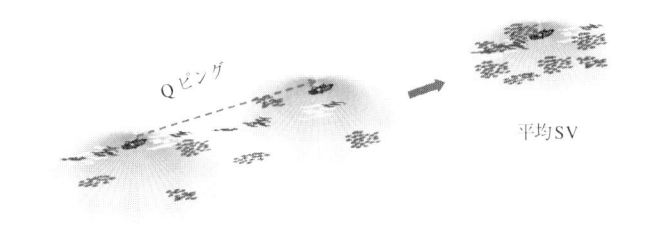

図9・7　エコー積分法のソナーへの応用

## §6. 計量ソナーに用いるターゲットストレングスの把握と問題点

計量ソナーに用いるターゲットストレングスを得るためには，まずは3次元での測定を行い，実測値とモデル推定値との比較を行い，より精度の高いモデルを構築する必要がある．その上で平均方法の検討を行う必要がある．さらに群を構成する魚種においては，時間帯により成群・離群するという特徴をもつものがいる．このような魚種の調査においては時間のファクターも取り入れなければいけないであろう．

いずれにせよ，早急に3次元でのターゲットストレングス特性を明らかにし，平均方法を検討した上で，現場のデータと照合する必要があるだろう．ソナーは，よくまき網漁業で用いられる．この場合，ソナーに表示された魚群をでき

るだけ全数漁獲するような努力がはらわれる．したがって，いろいろな魚種・サイズの魚群に対してのソナーのデータと漁獲データを蓄積していくことにより，ソナーによる音響調査に用いるためのターゲットストレングスとしてはどのよう値が妥当であるかが経験値として得られることになる．これと理論値との検証を行うことでより精度のよい音響調査に発展させていくのがいいと考える．

一方で，最近のソナーにおいてはそのビームのモードが様々である．これについては本書「Ⅰ．スキャニングソナーの基礎」において詳しく述べられているが，それぞれのビームのモードに応じたターゲットストレングスを考えなければならない．

今日，魚に関するターゲットストレングスはかなりの部分が明らかになってきている．しかしそれは計量魚群探知機に用いるためのターゲットストレングスの研究がほとんどである．今後はさらに次元をあげた研究に取り組まなければならない．3次元ターゲットストレングスの把握および平均方法の検討を早急に行い，ハードウェアが完成しつつある計量ソナー[21]による資源調査に用いるためのターゲットストレングスを明らかにする必要がある．

## 文　献

1) R.H. Love: Maximum Side-Aspect Target Strength of an Individual Fish, *J. Acoust. Soc. Am.*, 46, 746-752 (1969).

2) R. H. Love : Dorsal-Aspect Target Strength of an Individual Fish, *J. Acoust. Soc. Am.*, 49, 816-823 (1971).

3) R.H. Love : Target strength of an individual fish at any aspect, *J. Acoust. Soc. Am.*, 62, 1397-1403 (1977).

4) G. C. Goddard and V. G. Welsby : Statistical Measurements of the Acoustic Target Strength of Live Fish, *Rapp. P.-v. Reun. Cons. int. Explor. Mer*, 170, 70-73 (1977).

5) G. C. Goddard and V. G. Welsby : The acoustic target strength of live fish, *J. Cons. int. Explor. Mer*, 42, 197-211 (1986).

6) K.G. Foote : A critique of Goddard and Welsby's paper "The acoustic target strength of live fish", *J.Cons. int. Explor. Mer*, 42, 212-220 (1986).

7) K. G. Foote : Importance of the swimbladder in acoustic scattering by fish: A comparison of gadoid and mackerel target strengths, *J. Acoust. Soc. Am.*, 67, 2084-2089 (1980).

8) R.W.G. Haslett : Automatic Plotting of Polar Diagrams of Target Strength of Fish in Roll, Pitch and Yaw, *Rapp. P.-v. Reun. Cons. int. Explor. Mer*, 170, 74-81 (1977).

9) J. Frouzova, J. Kubecka, H. Balk, and J Frouz : Target strength of some European fish species and its dependence on fish body parameters, Fish. Res., 75, 86-96 (2005).

10) J. Kubecka and A.Duncan : Acoustic size vs. real size relationships for common species of riverine fish, Fish. Res., 35, 115-125 (1998).

11) J. Lilja, T.J. Marjomaki, R. Riikonen, and J. Jurvelius : Side-aspect target strength of Atlantic salmon (Salmo salar), brown trout (Salmo trutta), whitefish(Coregonus lavaretus), and pike (Esox lucius), Aquat. Living Resour., 13, 355-360 (2000).

12) J. Lilja, T.J. Marjomaki, J. Jurvelius, T. Rossi, and E.Heikkola : Simulation and experimental measurement of side-aspect target strength of Atlantic salmon (Salmo salar) at high frequency, Can. J. Fish. Aquat. Sci., 61, 2227-2236 (2004).

13) 福田美亮・向井 徹・飯田浩二：5周波数を用いた懸垂法および音響散乱モデルによるカタクチイワシの背方向ターゲットストレングス, Proceedings of the 6$^{th}$ Japan-Korea Joint Seminar on Fisheries Science, Aug.28-29, 2006, Ohnuma, Japan, 111-114 (2007).

14) 谷上俊介・福田美亮・向井 徹・飯田浩二：制御法および音響理論モデルを用いたカタクチイワシの背方向, 側面方向ターゲットストレングス測定, Proceedings of the 6$^{th}$ Japan-Korea Joint Seminar on Fisheries Science, Aug.28-29, 2006, Ohnuma, Japan, 115-119 (2007).

15) C. S. Clay and J. K. Horne : Acoustic models of fish : The Atlantic cod (Gadus morhua), J. Acoust. Soc. Am., 96, 1661-1668 (1994).

16) J. J. Horne and J. M.Jech : Multi-frequency estimates of fish abundance: constraints of rather high frequencies, ICES J. Mar. Sci., 56, 184-199 (1999).

17) J. M. Jech and J. K. Horne : Three-dimensional visualization of fish morphometry and acoustic backscatter, Acoustics Research Letters Online, 3, 35-40 (2002).

18) R.H. Towler, J.M. Jech, and J.K. Horne : Visualizing fish movement, behavior, and acoustic backscatter, Aquat. Living Resour., 16, 277-282 (2003).

19) K. G. Foote : Averaging of fish target strength functions, J. Acoust. Soc. Am., 67, 504-515 (1980).

20) 湯 勇：スキャニングソナーを用いた表層魚群の計量に関する研究, 学位論文, 東京水産大学, 2003年, p.176.

21) 西森 靖・岡崎亜美・石原眞次：魚種識別計量スキャニングソナーの開発, 海洋水産エンジニアリング, 43, 83-92 (2005).

22) 古澤昌彦：音響水産資源調査の原理, 実際, 将来, 西海ブロック漁海況研報, 12, 1-14 (2005).

# 10. 計量ソナーの技術的課題とその解決策

古 澤 昌 彦*

ソナーを水産調査目的に使用したのは，1970年にSmithが横向きの単一固定ビームによって表層魚群の調査をしたのが始めとされている[1]．その後しばらくは目覚しい発展はなかったが，1980年代に高性能の漁業用電子スキャニング方式のソナーが急速に発展し，それを用いた資源量や行動の調査が行われ始めた[2]．現在は，本格的な計量ソナーの開発段階であり，計量魚群探知機（計量魚探機）のように誰でもが実用できる計量ソナーはまだ出現していない．すなわち，既往の漁業用スキャニングソナーの利用[2,3,4]，測深用のクロスファンビームソナーの利用[5,6,7]，計量ソナーの試作機[8,9]による試験や手法開発が行われている．

効率的に優れた計量ソナーを仕上げるには，これまでの計量魚探機の開発過程，上記ソナーの計量化の試行，水中音響技術の成果に学びつつ，問題点を整理し，解決策を明確にする必要がある．本稿では，そのような観点から，技術的課題とその解決策を探る．また，一方式として全周スキャニングソナー（全周ソナー）によるエコー積分方式を提案する．

## §1. 計量ソナーの目的と方式

ソナーによる計量を考える場合，まずその目的を明確にする必要がある．これまでの文献を整理すると，
 a）漁撈のための群れ規模や移動軌跡などの計測
 b）生態的知見を得るための分布や行動の計測
 c）資源量推定のための量の計測
と，これらの複合に分類できる．a）については，最近の漁業用ソナーには，群れ規模の指標や魚群の移動方向を処理・表示する機能が具備されるなど，かなり発展している．b）とc），特にc）が本来の計量ソナーの目標であろう．魚

---

* 東京海洋大学

群探知機技術の発展として計量魚探機が生まれ，その技術が魚群探知機にフィードバックされて魚群探知機が進歩しているように，計量ソナーの技術の進歩は漁撈用ソナーの進歩を促すであろう．

もう一つ考えるべき重要な点は，計量魚探機との仕分けである．これには，

d) 計量魚探機に置き換わるものとして，
e) 表層魚群の調査など計量魚探機では不可能なところを担うものとして，
f) 逃避反応の効果把握やサンプリング量の少なさなど，計量魚探機の弱点を補うものとして，

の3つが考えられる．現在のソナーの計量化の技術的困難さや，計量魚探機が歩んできた地道かつ長い発展経過を思うとき，少なくとも現状ではd)は無理であろう．すなわち計量魚探機との同時使用や目的に応じた選択を考えた開発をする必要がある．

このように目的を限定し，これまでの研究経緯をみた場合，有望と考えられる方式は，

g) 扇状の面を観測する半周スキャニングソナー（半周ソナー）もしくはそれと同等の方式による鉛直面走査方式[3, 6, 7]，
h) 傘型の面を観測する全周ソナーもしくはそれと同等の方式による円錐面走査方式[2, 4]，
i) これらの面と直交する方向にもスキャンし，ビームのスキャンのみで立体的な観測のできる3次元走査方式[8, 9]

であろう．

それぞれについて，個々の群れの体積や密度を問題とする個群推定と，全体の平均散乱強度を問題とするエコー積分方式の適用が考えられる．

## §2. 問題点と解決策

### 2・1 送受信・処理の定量化

まず，計量ソナーの命は，計量魚探機と同様，送受信・処理系の定量化と安定化である．感度の温度変化や経時変化を極小にする必要がある．計量魚探機の較正で使用される標準球較正法がソナーにも使用できる[4]．漁撈用ソナーで行われるような非線形な処理は禁物である．漁撈用ソナーを利用するのであれ

ば，別に定量的処理系を設ける必要がある．受信系においては，早い段階でディジタル化することによって，安定かつ誤差の少ない融通のある処理が可能となる．エコーレベルの距離補正（TVG処理）は，エコーレベルの変動幅を小さくすることも含め，個群推定とエコー積分に共通な $20 \log r$ の特性を主とすべきである．

## 2・2 音波伝搬上の問題

水平ないし斜め方向音波伝搬を利用するソナーの場合，音波の屈折やマルチパス伝搬といった計量魚探機にはない音波伝搬上の問題が発生する．

例えば，水面近くの魚群のエコーが，水面反射経由のエコーにより2重になったり，音線屈折により探知できないこともある．その意味で，水面にごく近い層は，計量魚探機ほどではないが，ソナーにとっても計測不能な領域である．この解決は，次に述べる海面残響の問題もあり，基本的には無理であるが，ビームを鋭くすること，俯角を極端に小さくしないこと，水温プロファイルを知り屈折の程度を把握すること，などの対策により，誤差や探知範囲の減少を少なくする必要がある．

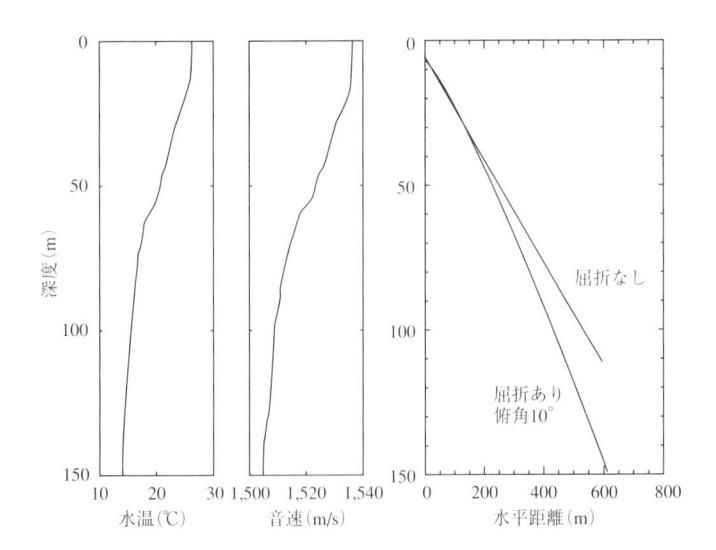

図10・1 音線屈折の例．左から水温（相模湾，夏），音速，俯角10°音源深度5mの場合の音線．比較のため屈折のない場合も示した．

図10・1は，日本近海（相模湾）の屈折の大きい夏の場合の水温の鉛直分布に対して，俯角を10°として，音速と音線を計算した例である．これによれば，屈折のため，500 mの距離で約20 m対象の深度がずれて観測されることになり，遠距離では無視できない大きさである．まずは，CTD観測などにより音線計算を随時行えるようにしておき，検知位置の誤差やシャドウゾーンについて知る必要がある．しかし，近距離を対象とせざるを得ない分布密度などの計量上の誤差は，あまり大きくないと考えられる．

### 2・3 海面・海底残響

海面エコーや海底エコー，すなわち残響が，魚の探知範囲内に大きく現れるという，これも計量魚探機にはほとんどない現象も，大きな問題である．円錐面走査の場合はこの両者の残響の少ないところを，俯角やビーム幅に対して明確にして，そこで計測を行う必要がある[10]．また後処理で，対象魚群のエコーを選択してエコー積分することにより，残響の影響を大幅に除くことができる．鉛直面走査の場合は，海面付近や海底付近のエコーを除けばよいが，もしサイドローブが大きいと，そのエコーはサイドローブが海底方向を向いたときに最大になり，斜め方向のエコーに重畳し厄介な問題となる．特にソナーの場合送受の指向性が異なる場合が多く，送受兼用の計量魚探機の場合のようなサイドローブレベルの送受相乗による抑圧効果が期待できないために，注意が必要である．

図10・2は，68 kHzの全周スキャニングソナーについて，魚の単体エコーと海面・海底残響との比（信号対残響比，SRR）を計算した結果である[10]．与えたパラメータは，魚のTSは－40 dB（有鰾魚として体長約16 cm），送受波器深度は1 m，3 m，5 m，海底深度は50 m，100 m，200 m，俯角は0°から12°まで2°おきに変えてある．この図ではTSを小さく仮定しているが，さらに大きい魚や群体エコーについては，縦軸のスケールをその分シフトして見ればよい．近距離では海面残響の影響が大きく，SRRは距離とともに小さくなり，また俯角が大きい程大きくなるが，10°を超すとその効果はほぼなくなる．また，海底エコーが現れる距離になると急激にSRRは下がり，事実上測定不能となる．対策としては，①送受波器深度を大きくし，海面残響を減らすこと，②俯角が小さいと海面残響が大きく，また大きいと海底残響が大きくなるので，

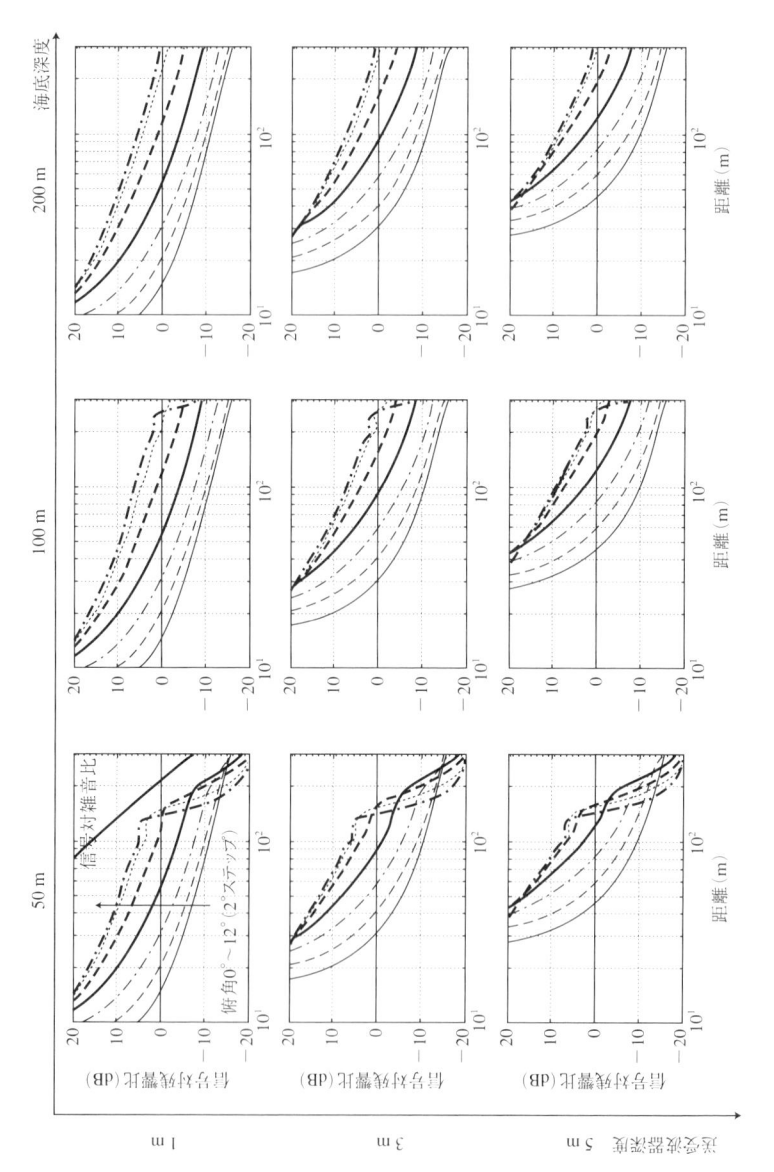

図 10·2 信号対海面・海底残響比．送受波器深度と海底深度を3通りに変えた場合の，距離に対する信号対残響比を示す．パラメータはビームの俯角であり，線種は左上の図に示す．信号はTSが −40 dB の魚．左上図には信号対雑音比も合わせて示す．

適切に設定すること，③ SRR の大きい範囲を選び計測することである．この図には自船雑音による信号対雑音比も重ねてあるが，一般に SRR の方が重要なことがわかる．

## 2·4 ビーム幅

エコー積分の場合は，エコーの集合平均処理により，魚が広範囲に分布しているとみなせ，ビーム幅に対する要求は厳格ではなくなる．しかし，魚群体積を求めたり群内密度を計測する場合は，ビームの広がりと魚群の大きさの関係が重要になる．すなわち，ビームの開き（たとえば，ラジアン単位のビーム幅×魚群までの距離）が魚群の大きさに対して小さくないと，体積の測定や体積散乱強度（SV）による群内密度の測定（個群推定）に，大きな誤差をもたらす．そこで，常に対象魚群位置でのビームの開きが魚群より大幅に小さいことを確認して，体積や分布密度の測定を行う必要がある．この意味でビーム幅は 2°以下などと小さくし，かつ揺れ補正をする必要が出てくる．最近開発された計量ソナーのビーム幅は 3°と小さく，またビームの揺れ補正をする方式となっている[8]．方位分解能に比べ距離分解能は，たとえば 2 ms のパルス幅で 1.5 m 程度であり，かつレンジによらず一定であるから，大きな問題にならない．

この方位分解能に対する要求は，個群推定そのものの可能性を危うくする問題でもある．初期の魚群探知機による資源調査で，魚群の大きさを測る記録方式（個群推定）が使用されたが，結局エコー積分方式が計量魚探機による調査の主流となった．この方式では，単体エコーと群体エコーを区別することなく使用でき，またビーム幅に対する要求は厳格でない．個々の群れを問題にする漁業用ソナーと，全体の量を問題にする計量ソナーとの，本質的な違いを認識すべきであろう．

エコー積分方式では，船の進行によりビームが多くの対象を走査し平均 SV を求めるが，この考えを，同一の魚に対して多くの方向（指向性係数）でエコーを得て平均することと一般化すれば，船が動く代わりに多くのビームによって得られた結果を平均しても，平均 SV が得られる道理である（多ビームエコー積分方式）[9]．この方式では，ビームの開きが魚群に対して必ずしも小さい必要はないので実用的であり，今後の発展が望まれる．

## 2・5 ターゲットストレングス

ソナーによるエコーからSVが測定できても，ターゲットストレングス（TS）の値がわからないと，分布密度ひいては資源量に換算できない．背方向のみのTSが必要になる計量魚探機でさえ，TSの変動が大きな問題になっているので，ほぼ全方向のTSの特性を問題にするソナーの場合，このTSの変動はある意味では決定的な問題である．この問題のため，計量ソナーが計量魚探機にとって変わることはできないし，計量魚探機が計測できない対象に対しても計量魚探機ほどの精確さを期待するのは無理である．この問題は前節で扱われているが，2,3考察する．

計量ソナーデータへ与える平均TSとしては2通り考えられる．1つは，全方向姿勢平均TSを用いる方法と，魚の姿勢とビーム方向の関係（見かけの姿勢）を何らかの方法で知り，その方向付近の姿勢平均TSを使用する方法である．

姿勢平均TSを計算する方法は既に開発されている[11]．図10・3に三次元平均TSを求めるための座標系を示す．4種の座標系があるが，$(x_s, y_s, z_s)$は船首方向をx方向にとった座標系，$(x_b, y_b, z_b)$はビーム主軸をz軸にとった座標系，$(x_f, y_f, z_f)$は魚を中心とする座標系，$(x_t, y_t, z_t)$は魚の姿勢変化を

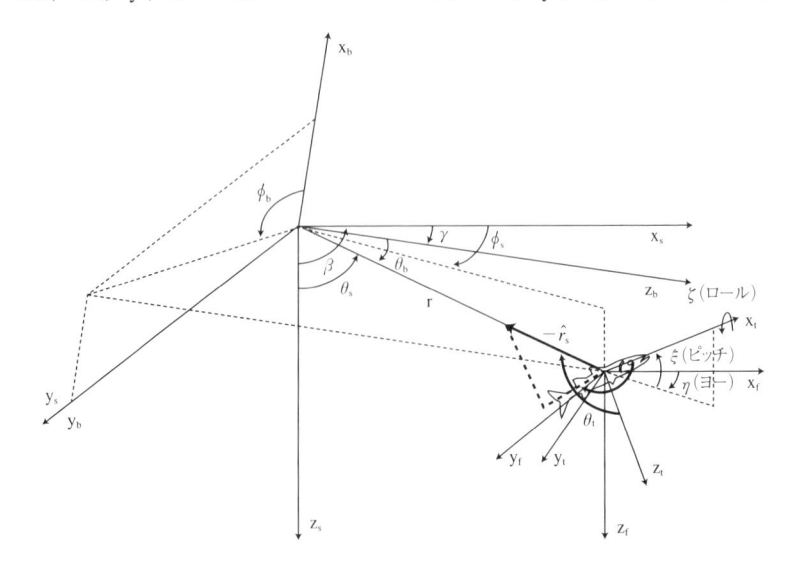

図10・3　三次元ターゲットストレングスの平均のための座標系（説明は文中）

表す座標系である．$\xi$，$\eta$，$\zeta$はそれぞれ魚のピッチ，ヨー，ロール角であり，$\theta_t$，$\phi_t$は，これらとビームの俯角（図10・3の$\gamma$）とに座標変換で関係づけられる音波の魚への入射角である．平均TSの一般式[12, 13]に座標変換などを適用すると，ソナーに適した三次元平均TSの式は，$f$をそれぞれの姿勢角の確率密度関数として

$$\langle Ts \rangle = \int_{-\pi/2}^{\pi/2} \int_0^{2\pi} \int_{-\pi/2}^{\pi/2} Ts(\theta_t, \phi_t) f(\xi) f(\eta) f(\zeta) d\xi d\eta d\zeta \quad (10\cdot1)$$

と近似できる[11]．試算によれば，この平均TSは，ヨー角分布によって大きく変化する．ここで問題は元になる全方向のTS特性（$T_S$）である．Loveは全方向の特性を示している[14]が，一旦平均した値を使っているなど問題がある[12]．今後，全方向のTS特性の実測や，比較的簡単に全方向TS特性の得られる回転楕円体モード級数モデル[15]などによる平均TSの特性の検討が必要であろう．

ビームに対する見かけの姿勢を知るためには，魚群の遊泳方向を知るのも一法である．図10・4は，ソナーのエコーグラムを利用して船から見た魚の遊泳

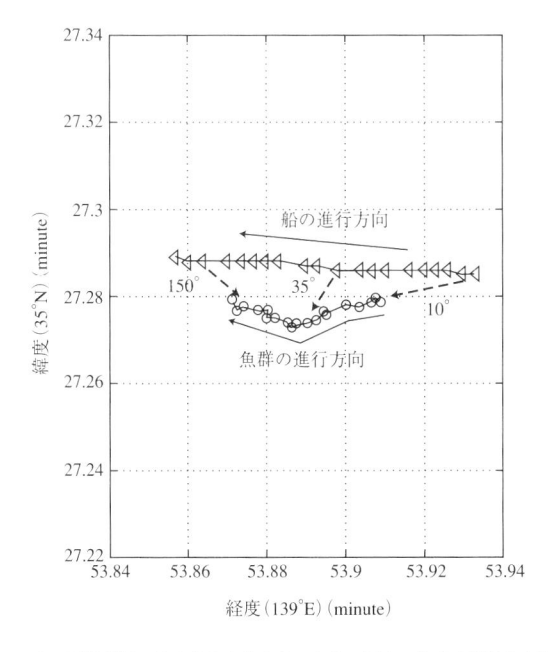

図10・4　ソナー画像解析による船から見た魚の方向．図中の角度は相対的な平均ヨー角．

方向を解析したものである[11]．ソナー画像と自船の位置から，魚群の中心と自船の絶対位置を求めると，各時点における魚群を見る角度，すなわちTSの平均に必要な魚の見かけの姿勢（上の$\eta$など）がわかる．

### §3．ソナーによるエコー積分方式

終わりに，計量ソナー方式の一例として，全周ソナーを用いたエコー積分方式を提案する．この方式の基本は既に開発済みである[4, 11]．この方式の主目的は，計量魚探機で困難な表層近くの調査である．すなわち上のc)，e)，f)，h)に沿う方式である．

全周ソナーの特性を定量的に明確にし，送受信系を標準球により較正した．AD変換したエコー信号を，方位角と距離を座標軸にしてピングごとにメモリに取り込み，後処理により「生の$S_V$」を求める（生の$S_V$は，ビームの開きに比べ群れが相当に大きい場合群内の$S_V$となり，またこれを集合平均することによって広域の平均$S_V$となる）．円筒型アレイを用いるので，指向性は，送波は線形アレイ，受波は矩形アレイによる指向性と等価となり，これらから$S_V$計算に必要な等価指向角などを求める．

海面残響および海底残響の特性を理論と実測により明確にし（図10・2），各ピングごとのエコーのうち，残響の少ない距離範囲のエコーを切り出す．船の進行によってできるこの範囲は，図10・5のように三日月形であり（船が図の

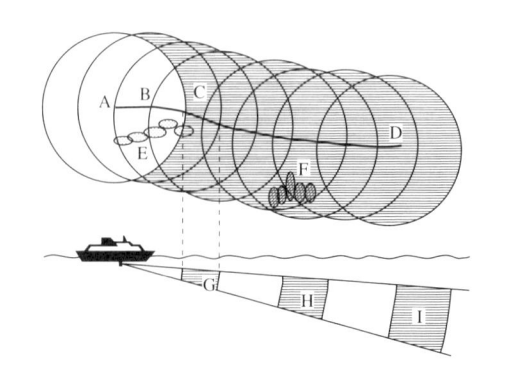

図10・5　円錐面走査ソナーエコーの三日月型範囲のモザイク化による広域$S_V$マップの作成

AからBに進む過程で図のCの三日月形できる），それを地球座標上で並べることにより図10・6（口絵）のような帯状の広域SVマップができる．これを水平面な積分セル内で平均することにより平均SVとする．図10・5下のG，H，Iのように切り出す距離範囲を複数にすることにより，同じ対象を異なるレンジで捉えたり，複数の深度層の計測が行える．これにより，相互の比較，逃避効果の判断，異なる深度層のSV（変数$S_V$）もしくは次式によりある深度範囲の面積散乱強度（$S_A$）を得ることなどができる．

$$S_A = R\sum_{}^{N} S_V / N \tag{10・2}$$

ここに，$N$は層の数（図10・5の場合3），$R$は最上層から最下層の深度の厚さである．　三日月形の切り出しとは別に，図10・5のE，Fのように，地球座標上で魚群のエコーを追跡し，画像フィルタなどで適切な処理を行えば，図10・7（口絵）のような魚群行動軌跡が得られる．前に示した図10・4は，この処理によって得た魚群Aの中心の軌跡と航跡とから作成した．

### §4. 計量ソナーの開発に当たって

以上のように，本格的な計量ソナーを実用にするには，まだかなり多くの技術的課題がある．しかし，われわれは既に計量魚探機の高度な技術をもっているし，コンピュータ技術，エレクトロニクス技術，信号処理技術，アレイ技術などの進歩は，計量魚探機の開発当時に比べると隔世の感がある．したがって，計量ソナー開発は順風満帆である．

ただし，開発に当たっては，計量魚探機の開発の歴史に学ぶこと，またあまり複雑にしないことを，心がけなければならない．特に，近年，計量魚探機の多周波化，ADCPなどの他の音響機器の発展，ソナーの広帯域化など，それぞれの装置の高度化が進むのと裏腹に，音響機器同士の干渉によるSN比の劣化が危惧される．少なくとも，計量ソナーは，計量魚探機との協調も，大きな目標とすべきである．

終わりに，本稿をまとめるに当たり協力頂いた大連水産学院の湯勇氏に感謝致します．

## 文　献

1) P.E. Smith: Precision of sonar mapping for pelagic fish assessment in the California Current, *J. Cons. int. Explor. Mer*, **38**, 33-40 (1978).

2) O.A. Misund : Abundance estimation of fish schools based on a relationship between school area and school biomass, *Aquat. Living Resour.*, **6**, 235-241 (1993).

3) 飯田浩二：スキャニングソナーを用いた表中層魚群の三次元分布と形状の解析, 海洋音響学会誌, **25**, 240-249 (1998).

4) 湯　勇, 古澤昌彦, 青山　繁, 樊春明, 西森　靖：全周型スキャニングソナーによる表層魚群の体積散乱強度の計測方法, 日水誌, **69**, 153-161 (2003).

5) O.A. Misund, A. Aglen, and E.Frønaes: Mapping the shape, size and density of fish schools by echo integration and a high-resolution sonar, *ICES J. Mar. Sci.*, **52**, 11-20 (1995).

6) F. Gerlotto, M. Soria, and P. Freon: From two dimensions to three: the use of multibeam sonar for a new approach in fisheries acoustics, *Canad. J. Fish. Aqua. Sci.*, **56**, 6-12 (1999).

7) L. Mayer, Y.Li, and G. Melvin : 3D visualization for pelagic fisheries research and assessment, *ICES J. Mar. Sci.* **59**, 216-225 (2002).

8) O.B. Gammelsaeter：ノルウェーにおける科学計量ソナーの新技術, 音響資源調査の新技術 —計量ソナー研究の現状と展望— (飯田浩二他編), 恒星社厚生閣, 2007

9) 西森　靖：国産計量ソナーの最新技術, 音響資源調査の新技術—計量ソナー研究の現状と展望— (飯田浩二他編), 恒星社厚生閣, 2007

10) 湯　勇, 古澤昌彦：全周型ソーナーによる表層魚群量計測における海面・海底残響の影響軽減, 日水誌, **70**, 853-864 (2004).

11) 湯　勇：スキャニングソナーを用いた表層魚群の計量に関する研究, 学位論文, 東京水産大学, 2003, 1-176.

12) K.G. Foote: Averaging of fish target strength functions, *J. Acoust. Soc. Am.*, **67**, 504-515 (1980).

13) 古澤昌彦：水産資源推定のための超音波による魚群探知に関する研究, 水産工学研究所研究報告, **11**, 173-249 (1990).

14) R.H. Love : Target strength of an individual fish at any aspect, *J. Acoust. Soc. Am.*, **62**, 1397-1403 (1977).

15) M. Furusawa : Prolate spheroidal models for predicting general trends of fish target strength, *J. Acoust. Soc. Jpn.*(E), **9**, 13-24 (1988).

## 資　料

### 全周型スキャニングソナーSH80，SP90機器仕様（SIMRAD）

| | SH80 | SP90 |
|---|---|---|
| 周波数 | 115 kHz（オプション参照） | 26 kHz（オプション参照） |
| 範囲 | 50 − 2000 m（10段階） | 150 − 8000 m（12段階） |
| ビーム俯角 | ＋10〜−60° | ＋10〜−60° |
| 検出範囲 | 750 m（0dB ターゲット） | 3000 m（0dB ターゲット） |
| ソース・レベル | 210 dB/1uPa | 217 dB/1uPa |
| | | 223 dB/1uPa |
| 送信 | 240送信チャンネル | 256送信チャンネル |
| 受信 | 480受信チャンネル | 256受信チャンネル |
| トランスデューサ | 480セラミック素子・円柱形 | 256セラミック素子・円柱形 |
| 　水平ビーム | 9または360°, | 11.5または360° |
| 　鉛直ビーム | 8または60° | 11.5または60° |
| 昇降装置 | | |
| 　電源 | 230/380/440 VAC，1,100 W | 230/380/440VAC，3,000 W |
| 　全長 | 2,310 mm | 2,990 mm |
| 　トランク上高 | 1,390 mm | 2,120 mm |
| 　フランジ径 | 370 mm | 676 mm |
| 　重量 | 275 kg | 730 kg |
| 　突出長 | 1,000 m | 1,200 m |
| 　最大船速 | 20ノット | 24ノット |
| オプション | | |
| 　3周波 | | 24, 26, 28kHz |
| 　多周波 | 110 − 122kHz（1kHz） | 20 − 30 kHz（1kHz） |
| 　昇降装置 | 1,200 m/25ノット | 1,600 m/25ノット |
| 共通仕様 | | |

| | |
|---|---|
| 表示器 | 18，20インチ カラーLCDモニター |
| データI/O | スピード・ログ，GPS，ジャイロ，魚群探知機， |
| 　入力データ | EK60新世代科学魚探，Simrad ITIとFSシステム |
| 出力データ | 魚群速度・方向，魚群厚み・姿勢・深度，0〜10分間の断定位置，魚群エリア（m²），魚群量（トン） |
| 制御装置 | |
| 送・受信装置 | 445（W）*365（D）*185（H）mm，20kg　　115/230VAC，50/60Hz，200W |
| 操作パネル | 520（W）*505（D）*750（H）mm，75kg　　115/230VAC，50/60Hz，600W |
| | 385（W）*165（D）*58（H）mm，4kg |
| オプション | ビーム・スタビライザー |
| | （ロール・ピッチ；±20°　分解能；0.1°　応答速度；0.5秒） |

## 全周型カラースキャニングソナーFSV30 機器仕様（古野電気）

| | |
|---|---|
| 表示部 | 21型横型高精細カラーCRT（標準タイプのみ）<br>横1280×縦1024ドット |
| 表示色 | スキャン映像32色，魚探映像16色，マーク/文字4色 |
| 周波数 | 24 kHz |
| 表示モード | ヘッドアップ，ノースアップ＊，トルーモーション＊，<br>コースアップ＊（＊外部センサーが必要） |
| 表示画面 | ●水平単記●水平併記●垂直1方位併記●垂直2方位併記<br>●垂直1方位/魚探併記●水平履歴●魚探1併記●魚探2併記●魚探1＋魚探2 |
| レンジ | 60, 100, 150, 200, 300, 400, 500, 600,<br>800, 1000, 1200, 1600, 2000, 2500, 3000,<br>3500, 4000, 5000 m |
| パルス幅 | 0.5 − 125 msec |
| 聴音範囲 | 30°　60°　90°　180°　330°（自動首振可） |
| 聴音出力 | 1.1 W（4Ω） |
| 聴音周波数 | 1.0 kHz |
| 送信方式 | パルス幅変調（PDM）ハーフブリッジ方式 |
| 受信方式 | ストレートアンプ・フルディジタルビームフォーマ |
| 水平送信ビーム幅 | 水平360°×垂直18°（−6dB 全角） |
| 水平受信ビーム幅 | 水平18°×垂直18°（−6dB 全角） |
| ティルト範囲 | 上向き−5°～下向き90° |
| 垂直送信ビーム幅 | 水平18°×垂直105°（−6dB 全角） |
| 垂直受信ビーム幅 | 水平18°×垂直18°（−6dB 全角） |
| 垂直探知範囲 | 0°～下向き90° |
| 上下装置 | <table><tr><th>型式</th><th>FSV-303</th><th>FSV-304</th></tr><tr><td>ストローク</td><td>800/1200 mmの<br>2段突出</td><td>1200/1600 mmの<br>2段突出</td></tr><tr><td>上昇・下降時間</td><td>22秒</td><td>29秒</td></tr><tr><td>耐用船速<br>（上下動作時）</td><td>18 kt<br>(15 kt)</td><td>15 kt<br>(12 kt)</td></tr></table> |
| 付加機能 | 漁撈モード，干渉除去，残像処理，ノイズリミッタ，<br>色消し，メモリーカード（映像，設定情報の記憶/呼出），<br>自動俯仰動，自動追尾（ターゲットロック），魚群アラーム，<br>過電圧警報，送受波器格納不能警報 |
| データ入力<br>（NMEA0183） | CUR, DBS, DBT, DPT, GGA, GLL, HCC, HCD,<br>HDG, HDM, HDT, MTW, MWV, RMA, RMC,<br>VBW, VDR, VTG, VHW, ZDA, GNS |
| データ入力（CIF） | システム時刻，測位位置，対地船速，船首方位，1層潮流データ，<br>水深，水温，ゾンデ深度，船速データ，多層潮流データ，<br>網深度，風向・風速 |
| データ出力 | TLL |

| | | |
|---|---|---|
| 電源 | | |
| （1）制御部 | AC100-115/220-230V, | |
| | 単相，50-60Hz | |
| （2）送受信装置 | AC100/110/115/220/230V, | |
| | 単相，50-60Hz | |
| （3）上下装置 | AC220V，3相，50-60Hz | |
| 環境条件 | $-5\,℃\sim +35\,℃$ | |
| （1）使用温度範囲 | $0\,℃\sim +50\,℃$ | |
| 　　　　送受波器 | 95％（＋40℃，ただし内部に結露 | |
| 　　　　その他 | IEC60945準拠 | |
| （2）相対湿度 | IEC60529準拠 | |
| （3）振動 | | |
| （4）防水 | | |

# 索　引

〈あ行〉
アレイ　11
イメージングソナー　50
鰾　100
エコーグラム　28
エコー積分法　14
X線　113
音響インピーダンス　10
音響資源調査　9
音響指数　92
音響調査　118
音速　44
音速鉛直分布　96
音速比　100

〈か行〉
カーテン　56
海底残響　123
回転楕円体　127
海面残響　123
拡散減衰　53
キャリブレーション　18
球形トランスデューサ　22
吸収減衰係数　44
魚群計数法　14
魚種判別　19
距離分解能　125
屈折　18, 96, 106
クロスファンビームソナー　73
計量魚群探知機　9
計量ソナー　9
ケージ　109
懸垂　109
較正球　19
後方散乱断面積　109
固有占有体積　16

〈さ行〉
サイドスキャニングソナー　73

サイドローブ　28
残響　18
3次元ターゲットストレングス　115
シーン　56
姿勢　106
自然法　109
シャドウゾーン　123
種判別　90
信号対雑音比　101
信号対残響比　123
水中音速　102
水中放射雑音　19
スキャニングソナー　9
スプリットビーム　19
制御法　109
積分層　66
背方向　108
全周ソナー　96
全周ビーム　16
側面方向　108
ソナー士　45
ソニックタグ　91

〈た行〉
ターゲットストレングス　17
ターゲットロック　36
体積後方散乱強度　19
体積測定法　14
体長推定　19
ダイナミックレンジ　25
多重反射　82
探査もれ　72
探知距離　35
地球座標系　38
超音波パルス　9
調査デザイン　90
デッドゾーン　9
電子海図　67
等価指向角　44

逃避　72
トラッキング　57
トランスデューサ　9
トランセクトライン　88
ドロップキール　30

〈は行〉
バイプレーン　35
発見確率関数　88
パルス幅　44, 102
ビームスタビライザー　22
ビームパターン　27
ビーム幅　24
ピッチ　109
標識放流　93
ピング　53
俯角　96

〈A〉
ADCP　129

〈C〉
CCSBT　86
CPUE　93
CTD　96

〈D〉
DWBA　101

〈G〉
GIS　13, 67
GPS　13

〈K〉
KRM　115

分解能　97, 106
方位分解能　125

〈ま行〉
マルチパス　122
マルチビームソナー　16
密度比　100
無鰾魚　80
面積測定法　14

〈や行〉
有鰾魚　80
ヨー　109

〈ら行〉
ロール　109

〈N〉
NSSH　78

〈P〉
PPI　12

〈S〉
Sv　17

〈T〉
Ts　17
TV　16
TVG　26

本書の基礎になったシンポジウム

平成18年度日本水産学会大会シンポジウム
　「音響資源調査の新技術－計量ソナー研究の現状と展望－」
企画責任者　　飯田浩二（北大院水）・古澤昌彦（海洋大）・濱野明（水大校）
　　　　　　　高尾芳三（水工研）・伊藤智幸（遠洋水研）・稲田博史（海洋大）

Ⅰ．計量ソナーの技術動向　　　　　　　　　　　　座長　古澤昌彦（海洋大）
　　1．計量ソナーの特徴と資源調査への応用　　　　　　　飯田浩二（北大院水）
　　2．海外計量ソナーの最新技術　　　　　　　　　　　　O.B.Gammelsaeter（シムラッド）
　　3．国産計量ソナーの最新技術　　　　　　　　　　　　西森　靖（古野電気）
　　質疑

Ⅱ．計量ソナーによる資源調査の実際　　　　　　　座長　飯田浩二（北大院水）
　　1．ノルウェーにおけるソナー資源調査の実態　　　　　O.R. Godoe（ノルウェー海洋研）
　　2．ソナーを用いたマグロ資源調査の実際　　　　　　　伊藤智幸（遠洋水研）
　　3．ソナーによる水中情報の可視化と定量化　　　　　　I. Higginbottom（ソナーデータ）
　　質疑

Ⅲ．計量ソナーの技術的課題　　　　　　　　　　　座長　濱野　明（水大校）
　　1．資源調査におけるソナー利用上の問題点　　　　　　高尾芳三（水工研）
　　2．計量ソナーにおけるターゲットストレングスの取扱い　向井　徹（北大院水）
　　3．計量ソナーの技術的課題とその解決・　　　　　　　古澤昌彦（海洋大）
　　質疑
総合討論　　　　　　　　　　　　　　　　　　　　座長　飯田浩二（北大院水）

閉会の挨拶　　　　　　　　　　　　　　　　　　　　　　稲田博史（海洋大）

**出版委員**

稲田博史　落合芳博　金庭正樹　木村郁夫
櫻本和美　左子芳彦　佐野光彦　瀬川　進
田川正朋　埜澤尚範　深見公雄

水産学シリーズ〔154〕　　　　　定価はカバーに表示

---

音響資源調査の新技術 — 計量ソナー研究の現状と展望
New Technologies in Fisheries Acoustics
— Resource Survey Using Scientific Sonar —

---

平成19年7月20日発行

編　者　　飯　田　浩　二
　　　　　古　澤　昌　彦
　　　　　稲　田　博　史

監　修　　社団法人　日本水産学会

〒108-8477　東京都港区港南　4-5-7
東京海洋大学内

発行所　〒160-0008
東京都新宿区三栄町8
Tel 03 (3359) 7371
Fax 03 (3359) 7375
株式会社　恒星社厚生閣

© 日本水産学会, 2007. 印刷・製本　シナノ

## 好評発売中

## テレメトリー
―水生動物の行動と漁具の運動解析

山本勝太郎・山根 猛・光永 靖 編
A5判・126頁・定価2,625円

海に棲む動物の生態を把握する上で欠かせないテレメトリー。今日では，水産資源の減少という事態をうけ漁獲圧力の把握や人間が観測し得ない海洋状況の把握にも活用される。こうした種々の分野でのテレメトリー活用の最新情報。

## 水産資源解析の基礎

赤嶺達郎 著
B5判・128頁・定価2,625円

水産資源解析は，水産資源管理の基礎となる。本書は最新の手法にふまえつつ，基本的な考え方の解説を中心にして，計算機器の発展に対応できる応用力の養成を目的としたテキスト。図・応用例を多数取り入れ実用的な内容となっている。

## 海洋深層水の多面的利用
―養殖・環境修復・食品利用

伊藤慶明・高橋正征・深見公雄 編
A5判・162頁・定価2,940円

循環再生可能な新たな資源の活用が急務とされる今日，エネルギー源として，また鉱物・栄養塩類など多様な資源供給力をもつ海洋深層水が注目される。本書は科学的データを基礎にその特性と各分野での利用と研究の最前線を紹介する。

## クジラの生態

笠松不二男 著
A5判/242頁/定価3,360円

著者自ら調査航海で得た資料を基に執筆。鯨類の生態の驚異と動物学的興味を誘う特異な行動を解説。単なる鯨類の紹介ではなく，その生活（回遊・接触・繁殖）の詳細にわたって，写真・図を多数配置して解説するクジラ百科。一般の方から専門家まで楽しめる。

## 魚学入門

岩井 保 著
A5判/224頁/定価3,150円

好評を博した岩井博士著『魚学概論』の初版から20年。本書は，その間の進展著しい魚学研究の研究成果を充分にとりこみ，大幅な改訂を加えた新装版。主に魚類の形態に重点をおき，分類・形態・生活史・分布・進化・分類などを詳細な挿絵を配し解説。

定価は消費税5％を含む

恒星社厚生閣